AITUD（爱也体拉动专）

# 工业机器人认知与操作

石新文　陈浩志　主编

U0173720

河南科学技术出版社
·郑州·

**图书在版编目（CIP）数据**

工业机器人认知与操作/石新文，陈浩志主编. —郑州：河南科学技术出版社，2024.2
ISBN 978-7-5725-1270-4

Ⅰ.①工… Ⅱ.①石…②陈… Ⅲ.①工业机器人—操作 Ⅳ.①TP242.2

中国国家版本馆CIP数据核字（2023）第150863号

出版发行：河南科学技术出版社
　　　　　地址：郑州市郑东新区祥盛街27号　　　邮编：450016
　　　　　电话：（0371）65788607　65788859
　　　　　网址：www.hnstp.cn
策划编辑：孙　彤
责任编辑：孟明明
责任校对：李　军
封面设计：张德琛
责任印制：徐海东
印　　刷：河南省环发印务有限公司
经　　销：全国新华书店
开　　本：787 mm×1 092 mm　1/16　印张：11.5　字数：270千字
版　　次：2024年2月第1版　　2024年2月第1次印刷
定　　价：35.00元

# 《工业机器人认知与操作》编写人员名单

主　编：石新文　陈浩志

副主编：冉中涛　杨　杰

参　编：马　力　李　建　孙　静　王　刚

　　　　于春满　黄跃涛　兰焕然　史鸿鹄

　　　　吕志英　黄妙先

# 前　言

**1. 编写背景**

本书是依据《国家中长期教育改革和发展规划纲要》关于"大力发展职业教育"的要求，贯彻基于工作过程导向的课程开发与教学设计思想，加大课程建设与改革力度，创新教材模式，与企业合作开发编写的校企合作、工学结合的特色改革教材。本书结构紧凑、图文并茂、讲述连贯，配套资源丰富，紧扣职业院校的办学理念，以强化学生职业素养、培养学生职业能力为首要目标，具有较强的可读性、实用性和先进性。

**2. 教材特色**

（1）采用行动导向教学法，充分调动中职学生的学习兴趣。职业院校学生普遍缺乏理论知识学习的热情，针对理论知识入门教学难的特点，编者提出了一种行动导向的教学法——AITUD教学法，将理论知识教学与加工实践融为一体，真正做到了"做中学、学中做，做中教、教中做"，让学生首先"学得会"，再逐步培养学生对该课程的学习兴趣，最终大大提高教学效果。

（2）注重循序渐进的自主学习模式的构建。教学组织突破了"半天理论、半天实训"的典型模式，通过详细的教学设计，将理论知识点的教学、操作训练、教学互动、主题讨论等多种教学形式融为一体，实现教学形式的灵活切换，寓教于乐，基本实现了以学生为主体的教学模式，大大提高了学生的学习兴趣。

（3）注重培养学生的关键能力。将抽象的关键能力转变为老师和学生较容易理解的基本能力——"说""写""归纳""组织协调"的能力，将"说""写""归纳""组织协调"这些基本的行为作为基本的教学行为，融入教学过程，实现提高学生综合职业能力的人才培养目标。

（4）将"安全、规范"操作训练融入每个学习任务和每个教学环节之中，培养学生良好的职业习惯和职业素养，并通过"提示""注意事项"等"小贴士"突出操作要点、安全注意事项等。

（5）教材和学材合一，内容呈现形象，增强学习效果：教材结合设备、学习过程设计了大量的图片、表格，使得教材既可作为教材，也可作为学材用。教材与相关设备融合，使得教材内容形象、具体、直观，从而使得学习效果显著增强。

（6）教材采用双主编，校企合作开发，保障教材质量：主编都具有企业一线实践经验、又有一线教学经验；教材编写者大部分参与了教学试点工作，为教材的完善积累了大量的一线实践经验，为教材的质量保证奠定了基础。

### 3. 教材内容

《工业机器人认知与操作》内容包括体验工业机器人的手动自动操作、认识工业机器人、工业机器人安全操作与保养、示教编程器的使用、认识工业机器人坐标系、机器人涂鸦绘画操作、工业机器人搬运编程与操作7个任务，所有的教学内容都是通过引导操作、知识导入、知识讲解、应用训练、主题讨论的"学中做、做中学"的形式实现的。全书叙述简明，概念清楚；知识结构合理，重点突出；深入浅出，通俗易懂，图文并茂。

本书可作为中等、高等职业院校及技工院校工业机器人技术、机电一体化、电气自动化等相关专业的教材，也可作为相关工程技术人员了解机器人技术的入门级参考书。

### 4. 致谢

本书由河南省南阳工业学校、上海厚载智能科技有限公司校企联合开发。由河南省南阳工业学校的石新文、上海厚载智能科技有限公司的陈浩志担任主编，河南省南阳工业学校的冉中涛、杨杰任副主编。参与编写的还有河南省南阳工业学校的马力、李建、孙静、王刚、于春满、黄跃涛、兰焕然、史鸿鹄、吕志英等老师，以及上海厚载智能科技有限公司的黄妙先等工程师。

限于编著者的经验、水平，书中有不足与缺漏之处，恳请专家、读者批评指正。

在本书的编写过程中，编者参考了有关书籍、论文及ABB机器人公司的技术资料，并引用了其中的一些内容，在此一并向这些作者表示感谢。

编者

2023年6月

# 目  录

# 任务一　体验工业机器人的手动、自动操作

## 【任务描述】

通过实物熟悉工业机器人基础应用工作站（图1-1）平台的布局和结构，初步掌握示教编程器及部分控制器上的按钮的使用方法。能准确操作基础应用工作站，实现工业机器人的开关机及简单运动操作，并能实现工业机器人程序的手动/自动运行。

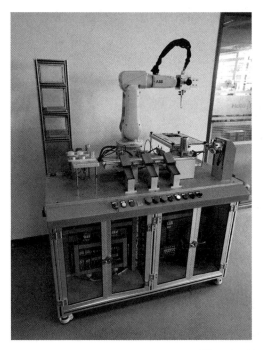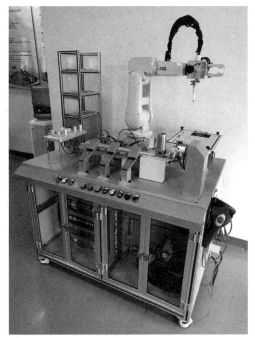

图1-1　基础应用工作站

## 【学习目标】

1.能够说出基础应用工作站各个结构区域的名称和作用。

2.能够实现工作站、工业机器人的正确开关机。

3.能够使用工作站按钮操作台上的按钮实现相应的功能。

4.能够使用示教编程器操作工业机器人实现轴的简单动作。

5.能够手动、自动运行机器人程序。

【引导操作】

# 学习活动一：认识工业机器人基础应用工作站

## 一、认识工业机器人基础应用工作站的整体结构

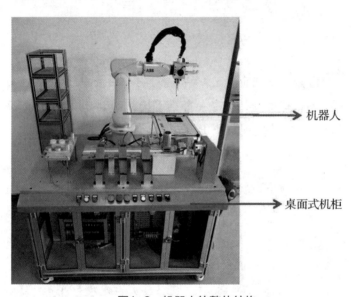

图1-2　机器人的整体结构

　　ABB桌面式基础应用工作站，主要由机器人、桌面式机柜两大部分组成。机器人一般将其搭载在机柜的桌面上（图1-2），同时桌面上布置安装了模拟工业生产的各种相关应用配置。通过学习不同的工业生产应用模块编程，不仅可以掌握各种生产应用编程的技巧，也可以更加容易地理解每种生产应用背后的工艺知识。

## 二、认识工业机器人基础应用工作站的桌面布局

　　桌面上各种应用的布局，可以最大限度地模拟不同的工业环境，与机器人配合工作，实现不同的工业用途。机器人工作站上布置的多种工作区域和对应的用途如图1-3和表1-1所示。

图1-3 机器人工作站的桌面布局

表1-1 桌面布局名称和用途

| 编号 | 名称 | 用途 |
|------|------|------|
| A | 分拣工作区 | 模拟工业环境中的分拣，机器人配合取料 |
| B | 转运存储区 | 分拣取料放置区，立体仓库入库原料区 |
| C | 立体仓库区 | 模拟工业中仓库环境，机器人智能放料和取料 |
| D | 机器人本体 | 与桌面上其他的工作环境配合，实现不同的生产应用 |
| E | 轨迹跟踪区 | 模拟机器人涂胶、焊接工作 |
| F | 装配码垛区 | 模拟机器人搬运、自动装配工作和自动码垛工作 |
| G | 卡盘加工区 | 模拟机械加工，机器人放料、等待、取料 |

## 三、认识工业机器人基础应用工作站的按钮操作台

按钮操作台如图1-4所示，按钮及指示灯的名称和作用如表1-2所示。

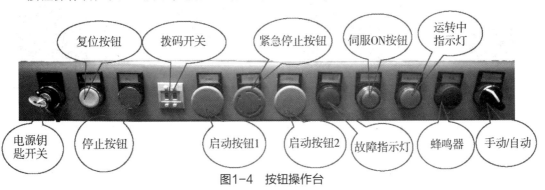

图1-4 按钮操作台

表1-2 按钮及指示灯的名称和作用

| 按钮、指示灯名称 | 按钮、指示灯作用 |
|---|---|
| 电源钥匙开关 | 控制机器人控制器的电源通断 |
| 复位按钮 | 重置机器人和PLC计数器状态 |
| 停止按钮 | 实现机器人自动运行时的停止、传送带的停止 |
| 拨码开关 | 选通机器人程序号码 |
| 启动按钮 | 外部启动机器人，实现机器人的自动运行 |
| 紧急停止按钮 | 意外紧急情况下实现工作站的紧急停止 |
| 故障指示灯 | 机器人出现问题时红色故障指示灯会亮起 |
| 伺服ON按钮 | 按下伺服ON按钮给机器人电机上电 |
| 运转中指示灯 | 机器人自动运行时绿色运转中指示灯亮起 |
| 蜂鸣器 | 机器人出现故障时蜂鸣器响起 |
| 手动/自动 | 切换机器人的手动、自动运行模式 |

# 学习活动二：让机器人动起来

## 一、按照下列步骤完成机器人工作站的开机

机器人工作站的开机如图1-5所示。

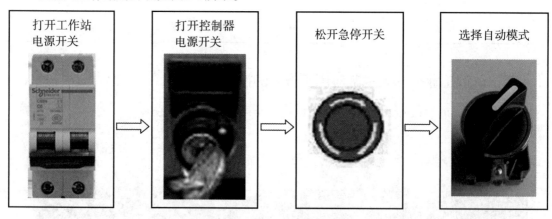

图1-5 机器人工作站的开机

## 二、运行机器人程序

通过拨码开关选择对应的程序号，同时按下"启动按钮1"和"启动按钮2"，让机器

人动起来。

注意：

1.机器人启动前必须先让老师对机器人进行设置，并选择好对应的程序号。

2.机器人启动前必须先让老师对机器状态进行确认。

**课堂互动**

自动模式下为什么会有两个启动键？

### 三、停止机器人运行

按下"停止按钮"，让机器人停下来。

注意：

1.机器人停止时必须停在比较安全的位置，同时不得超出工作台面。

2.若在机器人运行过程中，出现将要碰到人的情况，需立即按下"紧急停止"按钮，并汇报老师，等待老师处理。

### 四、把机器人调回手动模式

## 学习活动三：认识机器人示教器

1.对照示教编程器（简称示教器）实物，认识机器人示教器（图1-6）。

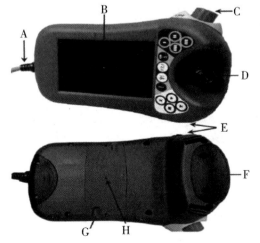

| A | 连接器 |
|---|---|
| B | 触摸屏 |
| C | "紧急停止"按钮 |
| D | 控制杆 |
| E | USB端口 |
| F | 使动装置 |
| G | 触摸笔 |
| H | "重置"按钮 |

图1-6 示教器功能说明图

2.左手穿过示教器防滑带，试着用四指按住示教器的使动装置，使机器人电机上电（图1-7）。

图1-7　示教器手持位置

**知识链接**

## 示教器的作用

（1）单步移动机器人。

（2）编写机器人程序。

（3）示教试运行机器人程序。

（4）查看、编辑机器人的工作状态（输入输出、程序数据等）。

（5）配置机器人参数（输入输出信号、可编程按键等）。

## 学习活动四：机器人程序的手动运行

（1）左手手持示教器，右手从示教器背后拿出触摸笔。

（2）单击左上角的 ≡∨ （ABB菜单），选择"程序编辑器"，如图1-8所示。

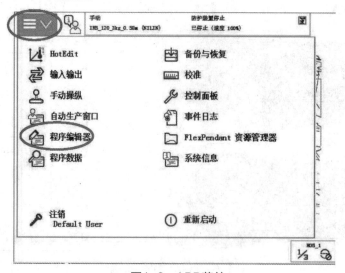

图1-8　ABB菜单

（3）在弹出的"Main例行程序"页面中，单击上方的"模块"，选中"Module1"，单击下方的"显示模块"，如图1-9所示。

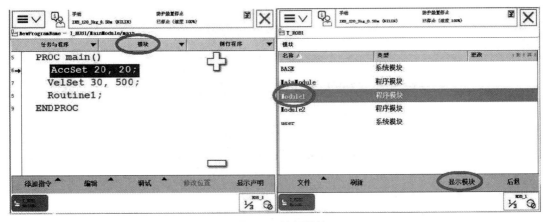

图1-9　选择模块

（4）在弹出的"Routine1例行程序"页面中，单击下方的"调试"，选中"PP移至例行程序"，如图1-10所示。

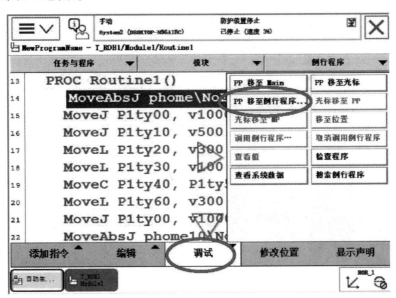

图1-10　PP移至例行程序

（5）在弹出的"PP移至例行程序"页面中，选择"Routine1"，单击"确定"按钮，此时页面返回"Routine1例行程序"，并有程序指针指在第二行左侧，如图1-11所示。

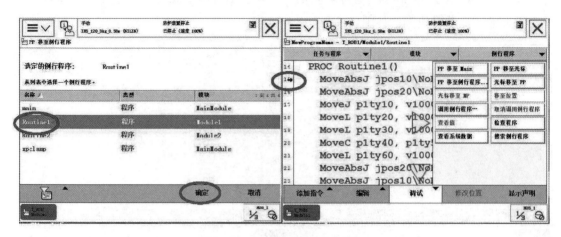

图1-11　PP移至例行程序完毕

（6）将触摸笔放回示教器后方，左手按下使动装置，等示教器触摸屏上显示"电机开启"后按下运行按键，此时机器人会低速运行（必须一直按住使动装置），如图1-12所示。

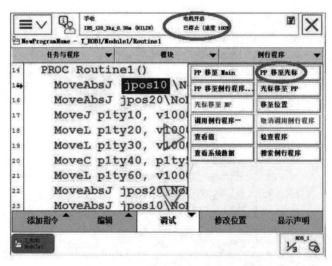

图1-12　电机开启、PP移至光标

（7）按下 （停止按钮），使机器人停下来，单击第二行程序，再单击"调试"，选择"PP移至光标"，将程序指针移至第二行，如图1-12所示。

（8）按下 （步进按钮），让机器人逐步运行程序，每按下一次，机器人运行一条指令，观察每行程序机器人运动的轨迹。

## 学习活动五：机器人的手动涂鸦

（1）在老师的帮助下装上画笔，用轴坐标把机器人移动到绘画模块上方合适位置。

（2）在基坐标下用线性运动模式拨动控制杆，体验机器人的上下、前后、左右移动。

（3）把机器人画笔的笔尖移动到图1-13所示的画纸上，在画纸上随意水平绘制自己想要的图案。

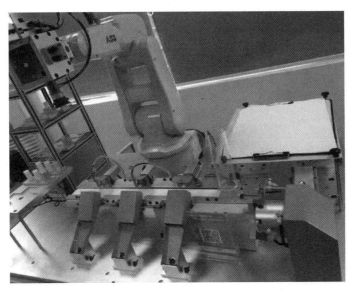

图1-13　画纸

 主题讨论

1.工业机器人可以应用在哪些场所？

2.机器人是怎样实现直线、圆弧运动的呢？

3.在选择"PP移至光标"时，若光标没有在第二行，那么PP会移至哪里？

# 任务二　认识工业机器人

**【任务描述】**

观察工业机器人工作站，了解机器人的系统组成，学习机器人的发展状况、分类、应用及主要技术参数。

**【学习目标】**

1.能够说出机器人的基本概念、发展史、应用和分类。

2.能够说出工业机器人基础应用工作站的系统组成、工作空间、技术参数。

**【引导操作】**

## 学习活动一：认识机器人在现实生活中的应用

（1）在现实生活和实际生产中，你看到过的、听说过的、了解到的机器人有哪些？请把你知道的机器人名字写到下面的横线上。

_____

_____

（2）你觉得这些机器人是属于哪个应用领域或者哪种类型的机器人？试着对其进行简单归类划分。

### 知识链接

## 机器人的日常应用和分类

### 一、机器人在现实生活中的应用

机器人的应用领域非常广泛，从目前的技术水平来看，机器人除了应用于工业生产领域外，还广泛应用于军事、航天科技、娱乐、家庭服务、教育、医疗卫生、农业生产、水下作业、抢险救灾等领域，如图2-1~图2-8所示。

图2-1　扫地机器人

图2-2　无人机

图2-3　服务机器人

图2-4　战争机器人

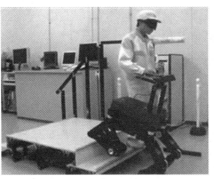
图2-5　导盲机械狗

图2-6　农业机器人

图2-7　自动导引运输车（AGV）

图2-8　救灾机器人

## 二、机器人的分类

按用途来分类，机器人可以分为服务用机器人、工业用机器人和特殊用途机器人等。

（1）服务用机器人，非制造用机器人。如礼仪机器人、导盲机器人、服务机器人等。

（2）工业用机器人，用于制造业。主要应用于弧焊、点焊、搬运、工件组装、喷涂、切割、点胶、拧螺钉、钻孔/攻牙、清理、检测、研磨、排列、取放、上下料和包装等的工厂自动化。

（3）特殊用途机器人。如救灾机器人、战争机器人、医用机器人等。

### 三、机器人和工业机器人的概念

机器人是机构学、控制论、电子技术及计算机等现代科学综合应用的产物，目前尚处于发展阶段，关于机器人的一些概念、定义，仍处于不断充实、发展之中。

国际标准组织（ISO）为机器人下的定义：机器人是一种自动的、位置可控的、具有编程能力的多功能操作机。这种操作机具有多个轴，能够借助可编程操作来处理各种材料、零部件、工具和专用装置，以执行各种任务。

概括起来可以认为，机器人是具有以下特点的机电一体化自动装置。

拟人化：具有类似于人或其他生物体某些器官（肢体、感官等）功能的动作机构。机器人在机械结构上有类似人的行走、扭腰活动，还有大臂、小臂、手腕、手爪等部分的活动，在控制上有电脑。此外，智能化工业机器人还有许多类似人类的"生物传感器"，如皮肤型接触传感器、力传感器、负载传感器、视觉传感器、声觉传感器、语言功能等。

通用性：工作种类多样，动作程序灵活易变。比如，更换工业机器人手部末端操作器（手爪、工具等）便可执行不同的作业任务，可随其工作环境变化的需要再编程。

不同程度的智能性：如记忆、感知、推理、决策、学习等。

独立性：完整的机器人系统在工作中可以不依赖人的干预。

工业机器人是机器人的一种，是面向工业领域的多关节机械手或高自由度的机器装置，它能自动进行工作，是靠自身动力和控制能力来实现各种功能的一种机器。

1986年我国对工业机器人定义：工业机器人是一种能自动定位，可重复编程的多功能、多自由度的操作机；它可以搬运材料、零件或夹持工具，用以完成各种作业；它可以接受人类指挥，也可以按照预先编排的程序运行，现代的工业机器人还可以根据人工智能技术制定的原则纲领行动。它由操作机（机械本体）、控制器、伺服驱动系统和检测传感器装置构成，是一种自动控制、可重复编程、带有三维以上自由度的机械，有着人类上肢（胳膊和手）的动作功能、感觉功能以及识别功能，有可以自己行动的机械，特别适合于多品种、变批量的柔性生产；它对稳定和提高产品质量，提高生产效率，改善劳动条件，加速产品的换代起着十分重要的作用。

由于现代社会对从事危险劳动的工人的保护意识加强及现代社会劳动力的不足、员工对薪资的要求不断提高、控制技术的进步和高速化，工业机器人的普及速度越来越快。

### 四、工业机器人的优势

（1）节约成本：机器人可以24h工作，能有效节省人工费用。另外，采用工业机械手操作的模式，能使自动流水线更节省空间，使整厂规划更小更紧凑。

（2）生产效率高：机械手生产一件产品的耗时是固定的，产品的成品率高，同样的生产周期内，使用机械手的产量也是固定的，不会忽高忽低。使用机器人生产更符合企业利益。

（3）安全系数高：采用机械手生产，可以更大程度保障工人的工作安全性，避免出现由于工人工作疏忽或者疲劳造成的工伤事故。采用工业机器人操作，精确度更高，稳定性更高，安全性更强，可以保障人员安全。

（4）便于管理：以往企业很难精确地保证每天的生产量，因为员工的出勤、工作效率都是变量，且容易受到外界因素的干扰，但是使用机械手生产后，用工量减少，企业对于员工的管理和生产管理更加高效。

## 学习活动二：认识工业机器人的分类

1.按应用领域划分是对工业机器人进行分类的一种常用方式。为图2-9中的机器人选择合适的名称，初步了解工业机器人按照应用领域进行分类的方法。常见的工业机器人如表2-1所示。

表2-1 常见的工业机器人

| 码垛机器人 | 焊接机器人 | 搬运机器人 | 切割机器人 |
| --- | --- | --- | --- |
| 涂胶机器人 | 喷漆机器人 | 装配机器人 | 检测机器人 |

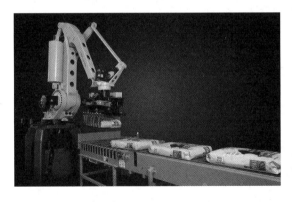

图2-9 常见领域工业机器人应用

图2-9　常见领域工业机器人应用（续）

**课堂互动**

1.除了上面介绍的几种工业机器人应用领域，你还能想到哪些工业机器人应用领域？

2.各应用领域的工业机器人在末端执行器上有什么区别吗？

3.我们的机器人工作站能实现哪些功能？

**知识链接**

## 常用工业机器人的分类

工业机器人主要用于弧焊、点焊、搬运、工件组装、喷涂、切割、点胶、拧螺钉、钻孔/攻牙、清理、检测、研磨、排列、取放、上下料和包装等工厂自动化操作。常见的工业机器人按用途可分为搬运机器人、装配机器人、焊接机器人、喷涂机器人等。

（1）搬运机器人是可以进行自动化搬运作业的工业机器人。搬运作业是指用一种设备握持工件，将其从一个加工位置移到另一个加工位置。搬运机器人可安装不同的末端执行器以完成各种不同形状和状态的工件的搬运工作，大大减轻了人类繁重的体力劳动。世界上使用的搬运机器人逾10万台，被广泛应用于机床上下料、冲压机自动化生产线、自动装配流水线、码垛搬运、集装箱等的自动搬运。部分发达国家已制定出人工搬运的最大限度，超过限度的必须由搬运机器人来完成。

（2）装配机器人主要用于各种电器制造（包括家用电器，如电视机、录音机、洗衣机、电冰箱、吸尘器等）、小型电机、汽车及其部件、计算机、玩具、机电产品及其组件的装配等方面，可极大地提高装配效率，保证质量。

（3）焊接机器人就是在工业机器人的末轴法兰装接焊钳或焊（割）枪，使之能进行焊接切割或热喷涂的工业机器人。焊接机器人可以稳定和提高焊接质量，提高劳动生产率，改善工人劳动强度，降低了对工人操作技术的要求，缩短了产品改型换代的准备周期，减少了相应的设备投资。

（4）喷涂机器人是可进行自动喷漆或喷涂其他涂料的工业机器人。喷涂机器人的主要优点：①柔性大，工作范围广；②提高喷涂质量和材料使用率；③易于操作和维护；④可离线编程，大大缩短现场调试时间；⑤设备利用率高，喷涂机器人的利用率可达90%~95%。

2.根据表2-2中的结构形式，为图2-10中的机器人选择合适的结构形式。

表2-2　不同结构形式机器人

| 直角坐标型机器人 | 球坐标型机器人 | 水平关节坐标型机器人 | 圆柱坐标型机器人 | 垂直多关节坐标型机器人 |
|---|---|---|---|---|

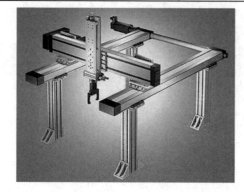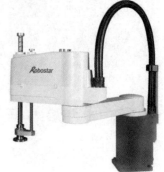

图2-10　不同结构形式机器人

---

**知识链接**

## 工业机器人的结构类型分类和控制方式分类

### 一、按工业机器人的结构类型分类

按结构类型分类，工业机器人可分为直角坐标型机器人、圆柱坐标型机器人、球坐标型机器人、垂直多关节坐标型机器人、水平的关节坐标型机器人等五类，其结构形式、结构简图和工作空间如图2-11所示。

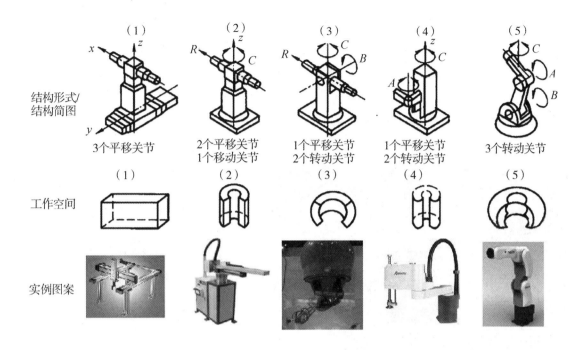

（1）直角坐标型机器人 （2）圆柱坐标型机器人 （3）球坐标型机器人
（4）水平多关节坐标型机器人 （5）垂直多关节坐标型机器人

图2-11 几种不同结构形式机器人的结构形式、结构简图和工作空间

1.直角坐标型机器人

直角坐标型机器人具有三个互相垂直的移动轴线，通过手臂的上下、左右移动和前后伸缩构成一个直角坐标系，运动是独立的（有3个独立自由度），动作空间是一个长方体。其特点是控制简单，运动直观性强，操作精度高，但操作灵活性差，运动的速度较低，操作范围较小而占据的空间相对较大。桁架直角坐标型机器人如图2-12所示。

直角坐标型机器人的优点如下：

（1）任意组合成各种样式：每根直线运动轴最长可达6 m，其带载能力从10 g到200 g。

（2）超大行程：因为单根龙门式直线运动轴的长度是6 m，还可以多根方便地连成超大行程，所以其工作空间几乎没有限制，小到手机点胶机，大到18m长行程的切割机均可。

（3）负载能力强：单根直线运动单元的负载通常小于200 g。但当采用双滑块或多滑块刚性连接时负载能力可以增加5~10倍。当把两根或四根直线运动单元并排接起来使用时，其负载可以增加2~4倍；当采用多根多滑块结构时其负载能力可增加到数吨。

（4）高动态特性：轻负载时其最大运行速度可达8 m/s，加速度可达到4 m/s$^2$，使其具有很好的动态特性，工作效率非常高，通常在几秒内就可以完成一个工作节拍。

（5）高精度：按传动方式及配置在整个行程内其重复定位精度可达到0.05~0.01 mm。

（6）扩展能力强：可以方便地改变结构或通过编程来适应新的应用。

（7）简单经济：对比关节机器人，直角坐标型机器人不仅外观直观且构造成本低，编程简单类同于数控铣床，易培训员工和维修，使其具有非常好的经济性。

（8）寿命长：直角坐标型机器人的维护通常就是周期性加注润滑油，寿命一般是10年以上，维护好的话可达20年。

图2-12　桁架直角坐标型机器人　　　　　　图2-13　并联机器人

2.圆柱坐标型机器人

此类机器人机座上具有一个水平转台，在转台上装有立柱和水平臂，水平臂能上下移动和前后伸缩，并能绕立柱旋转，在空间构成部分圆柱面，具有一个回转和两个平移自由度。其特点是工作范围大，运动速度较高，但随着水平臂沿水平方向的伸长，其线位移分辨精度越来越低。

如图2-11所示，机器人以$C$、$z$和$R$为参数构成坐标系。手腕参考点的位置可表示为$P=F(C,z,R)$。其中，$R$是手臂的径向长度，$C$是手臂绕水平轴的角位移，$z$是在垂直轴上的高度。如果$R$不变，操作臂的运动将形成一个圆柱表面，空间定位比较直观。操作臂收回后，其后端可能与工作空间内的其他物体相碰，移动关节不易防护。

3.球坐标型机器人

球坐标型机器人工作臂不仅可绕垂直轴旋转，还可绕水平轴做俯仰运动，且能沿手臂轴线做伸缩运动（其空间位置分别有旋转、摆动和平移3个自由度），并能绕立柱回转，在空间构成部分球面，像坦克的炮塔一样。其特点是结构紧凑，所占空间小于直角坐标型机器人和圆柱坐标型机器人，但仍大于关节坐标型机器人，操作比圆柱坐标型机器人更为灵活，但是设计和控制系统比较复杂。

4.多关节坐标型机器人

多关节坐标型机器人由多个旋转和摆动机构组合而成。其特点是操作灵活性好，运动速度较高，操作范围大，但受手臂位姿的影响，实现高精度运动较困难，适合用于诸多工业领域的机械自动化作业，比如自动装配、喷漆、搬运、焊接等工作。常见的多关节机器人有垂直多关节坐标型机器人和水平多关节坐标型机器人。

（1）垂直多关节坐标型机器人，其操作机构包括多个关节连接的基座，拥有三个以上旋转轴，类似于人类的手臂。应用领域有装货、卸货、喷漆、表面处理、测试、测量、弧焊、点焊、包装、装配、切削、固定、特种装配操作、锻造、铸造等。常用的垂直多关节机器人有码垛机器人和六关节机器人。

（2）水平多关节坐标型机器人，在结构上具有串联配置的两个能够在水平面内旋转的手臂，自由度可以根据用途选择2~4个，动作空间为圆柱体。其优点是在$x$、$y$轴方向上具有顺从性，在$z$轴方向上具有良好的刚度，此特性特别适合于装配工作，故能方便地实现二维平面上的动作。SCARA机器人是常用的水平多关节坐标型机器人。

5.并联机器人

并联机构（Parallel mechanism，简称Pm），可以定义为动平台和定平台通过至少两个独立的运动链相连接，机构具有两个或两个以上自由度，且以并联方式驱动的一种闭环机构。

并联机器人（图2-13）的特点呈现为无累积误差，精度较高；驱动装置可置于定平台上或接近定平台的位置，这样运动部分重量轻，速度高，动态响应好。其主要优势有：

（1）无累积误差，精度较高。

（2）驱动装置可置于定平台上或接近定平台的位置，这样运动部分重量轻，速度高，动态响应好。

（3）结构紧凑，刚度高，承载能力大。

（4）完全对称的并联机构具有较好的各向同性。

（5）工作空间较小。

根据这些特点，并联机器人在需要高刚度、高精度或者大载荷而无须很大工作空间的领域内得到了广泛应用。

**课堂互动**

1.教室里的机器人属于哪种类型？
2.试着说一说这五种结构类型的机器人的区别。

## 二、按工业机器人的控制方式分类

工业机器人的控制方式主要有四种：点位控制方式、连续轨迹控制方式、力矩控制方式和智能控制方式。

### 1.点位控制方式（PTP）

这种控制方式的特点是只控制工业机器人末端执行器在作业空间中某些规定的离散点上的位姿，控制时只要求工业机器人快速、准确地实现相邻各点之间的运动，而对达到目标点的运动轨迹不做任何规定。这种控制方式的主要技术指标是定位精度和运动所需的时间。由于其具有控制方式易于实现、定位精度要求不高的特点，常被应用在上下料、搬运、点焊和在电路板上安插元件等只要求目标点处保持末端执行器位姿准确的作业中（图2-14、图2-15）。一般来说，这种方式比较简单，但是，要达到 $2 \sim 3 \mu m$ 的定位精度是相当困难的。

图2-14　机器人点焊

图2-15　机器人涂胶

### 2.连续轨迹控制方式（CP）

有些场合需连续地控制工业机器人末端执行器在作业空间中的位姿，要求其严格按照预定的轨迹和速度在一定的精度范围内运动，而且速度可控，轨迹光滑，运动平稳，以完成作业任务。这种工业机器人具有各关节连续、同步地进行相应的运动的功能，其末端执行器可形成连续的轨迹。这种控制方式的主要技术指标是工业机器人末端执行器位姿的轨迹跟踪精度及平稳性，要求机器人末端执行器按照预定的轨迹和速度运动，如果偏离预定的轨迹和速度，就会使产品报废，其控制方式类似于控制原理中的跟踪系统，如弧焊、喷漆、切割等。

### 3.力矩控制方式

在完成装配、抓取物体等工作时，除要准确定位之外，还要求使用适度的力或力矩进行工作。该方式的控制原理与位置伺服控制原理基本相同，只不过输入量和反馈量不是位置信号,而是力觉(力矩)信号,因此系统中必须有力觉传感器,有时也利用接近、滑动等传感器功能进行自适应式控制,如图2-16、图2-17所示。

图2-16 机器人抓鸡蛋　　　　　　　　图2-17 机器人拉小提琴

4.智能控制方式

机器人的智能控制是通过传感器获得周围环境的信息,并根据自身内部的知识库做出相应的决策的控制方式。智能控制技术使机器人具有了较强的环境适应性及自学能力。智能控制技术的发展有赖于近年来人工神经网络、基因算法、遗传算法、专家系统等人工智能的迅速发展。

**课堂互动**

1.怎样理解机器人点位控制方式和连续轨迹控制方式的异同?

2.前面提到的八种应用类型的机器人中,哪几种是连续轨迹控制方式?

举一反三:

请指出图2-18中工业机器人的应用领域、结构类型及控制方式。

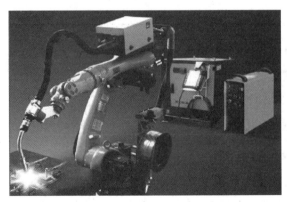

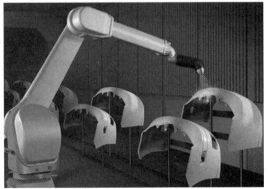

图2-18 工业机器人

## 学习活动三：认识工业机器人的组成

1.观察工业机器人工作站，把表2-3中的名词填到图2-19中对应图片所在的横线上。

表2-3　工业机器人组成部件名称

| 传感器 | 末端执行器 | 控制器 |
| --- | --- | --- |
| 机器人本体 | 空气压缩机 | 示教编程器 |

图2-19　工业机器人工作站组成部件

2.在机器人工作站上找出对应的实物。

### 知识链接

## 工业机器人的组成

工业机器人由3大部分6个子系统组成。3大部分是机械部分、传感部分和控制部分。6个子系统是驱动系统、机械结构系统、感受系统、机器人—环境交互系统、人机交互系统和控制系统。

## 一、工业机器人的3大组成部分

工业机器人通常可以分为机械部分、传感部分和控制部分3大部分，如表2-4所示。

表2-4　工业机器人工作站部分组成部件

| 组成部件 | 部件名称 | 图示 | 说明 |
|---|---|---|---|
| 机械部分 | 机器人本体 |  | 除机体结构外，还包含马达、减速机、轴承等工业机器人核心传动部件及管线、行走机构 |
| | 末端执行器 |  | 通过变换机器人手爪，能实现不同的夹持功能。目前多功能机器人末端执行器包含吸盘、毛笔的固定装置，工件的两爪夹持装置、三爪夹持装置 |
| 传感部分 | 传感器 | 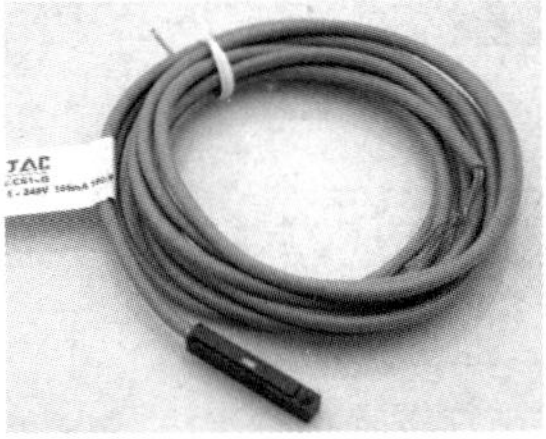 | 由机器人关节上的内部传感器和外部设备上的传感器模块组成，实现对机器人本身及外部设备的运动控制 |
| 控制部分 | 控制器 |  | 包含工业电脑（工控机）、运动控制卡、伺服驱动器、I/O板等 |
| | 示教编程器 |  | 简称示教器，是人机交互系统的一个重要载体，可以通过示教器触摸屏完成机器人程序的示教操作 |
| | 系统软件 | 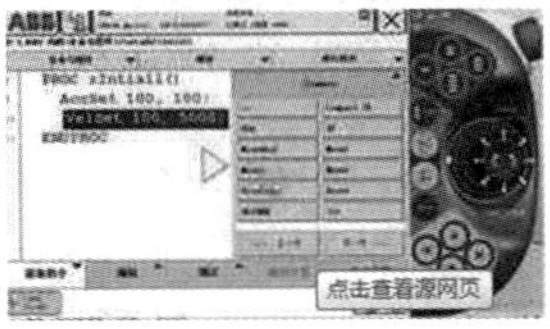 | 负责机器人的编程、坐标转换、路径规划、格式转换及语言转换等 |

## 二、工业机器人的6个子系统（图2-20）

### 1.机械结构系统

工业机器人的机械结构主要由4大部分组成：机身、臂部、腕部和手部，如图2-21所示。每一大件都有若干自由度，构成一个多自由度的机械系统。若基座具备行走机构，则构成行走机器人；若基座不具备行走及腰部旋转机构，则构成单机器人臂。手臂一般由上臂、下臂和手腕组成。工业机器人有6个自由度乃至更多，腕部通常有1~3个活动自由度。末端执行器是直接装在手腕上的一个重要部件，可以是二手指或多手指的手爪，也可以是喷枪、焊枪等工具。

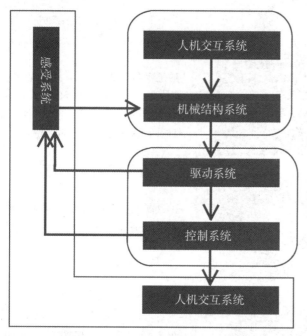

图2-20　机器人6个子系统之间的关系

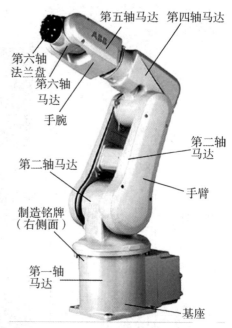

图2-21　机器人本体各部分名称

### 2.驱动系统

要使机器人运转起来，需给各个关节安装动力装置和传动系统，这就是驱动系统。它的作用是提供机器人各部位、各关节动作的原动力。驱动系统传动部分可以是液压传动系统、电动传动系统、气动传动系统，或者把它们结合起来应用的综合系统；可以是直接驱动或者是通过同步带、链条、齿轮等机械传动机构的间接驱动。这三类驱动系统各有特点，现在主流的是电动驱动系统。

由于低惯量、大转矩，交、直流伺服电机及其配套的伺服驱动器（交换变频器、直流脉冲宽度调制器）被普遍接纳。这类系统不需能量转换，运用方便，控制灵敏；大多数电机后面需安装精细的传动机构——减速器，从而降低转速，增加转矩，并具有传动链短、体积小、功率大、质量轻和易于控制等特点。伺服电机在低频运转下容易发热和出现低频振动，长时间和重复性的工作不利于确保其准确性和牢靠地运转。因此，精细减速电机的存在使伺服电机在一个适宜的速率下运转，加强机器体刚性的同时输出更大的力矩。如今主流的减速器有两种：谐波减速器和RV减速器。

（1）谐波减速器。谐波减速器主要由刚轮、柔轮和径向变形的波发生器三者组成（图2-22），利用柔性齿轮产生可控制的弹性变形波，引起刚轮与柔轮的齿间相对错齿来传递动力和运动。这种传动与一般的齿轮传递具有本质上的差别，在啮合理论、集合计算和结构设计方面具有特殊性。谐波齿轮减速器具有高精度、高承载力等优点，和普通减速器相比，由于使用的材料要少50%，其体积及重量至少减少1/3。所以谐波减速器主要用于小型机器人，特点是体积小、重量轻、承载能力大、运动精度高，单级传动比大。一般用于负载小的工业机器人或大型机器人末端几个轴。

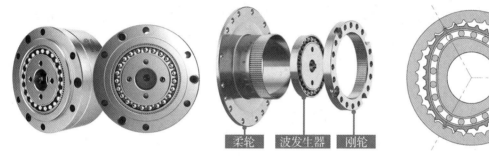

柔轮　　波发生器　　刚轮

图2-22　谐波减速器

（2）RV减速器。相对于谐波减速器，RV减速器（图2-23）通常用的是摆线针轮。RV减速器由摆线针轮和行星支架组成，关键在于加工工艺和装配工艺的不同。RV减速器具有更高的疲劳强度、刚度和寿命，不像谐波传动那样随着使用时间增长，运动精度会显著降低；其缺点是重量重，外形尺寸较大。RV减速器用于转矩大的机器人腿部、腰部和肘部三个关节，负载大的工业机器人第一、第二、第三轴都用RV减速器。

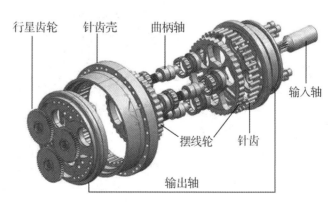

行星齿轮　针齿壳　曲柄轴

输入轴

摆线轮　针齿

输出轴

图2-23　RV减速器

3.机器人—环境交互系统

机器人—环境交互系统是实现工业机器人与外部环境中的设备相互联系和协调的系统。工业机器人与外部设备集成为一个功能单元，如加工制造单元、焊接单元（图2-24）和装配单元等。当然，也可以是多台机器人、多台机床或设备、多个零件存储装置等集成为一个能执行复杂任务的功能单元。

图2-24　机器人加工制造单元、焊接单元

4.感受系统

感受系统由内部传感器模块和外部传感器模块组成，用于获取内部和外部环境状态中有意义的信息。智能传感器提高了机器人的机动性、适应性和智能化的水准。人类的感受系统对感知外部世界信息是极其灵巧的，然而，对于一些特殊的信息，传感器比人类的感受系统更有效。部分传感器如图2-25所示。

（1）内部传感器：用来检测机器人本身状态（如手臂间的角度）的传感器，多为检测位置和角度的传感器。具体有位置传感器、角度传感器等。

（2）外部传感器：用来检测机器人所处环境（如检测物体，距离物体的距离）及状况（如检测抓取的物体是否滑落）的传感器。具体有距离传感器、视觉传感器、力觉传感器等。

图2-25　机器人角度传感器、力觉传感器、防碰撞传感器

5.控制系统

控制系统的任务是根据机器人的作业指令程序以及从传感器反馈回来的信号支配执行机构去完成规定的运动和功能。工业机器人控制技术的主要任务便是控制工业机器人在工作空间中的活动范围、姿势和轨迹、动作的时间等，具有编程简单、人机交互界面友好、在线操作提示和运用方便等特点。

若机器人不具备信息反馈特征，则为开环控制系统；机器人具备信息反馈特征，则为闭环控制系统。根据控制原理，控制系统可分为程序控制系统、适应性控制系统和人工智能控制系统三类；根据控制运动的形式，控制系统可分为点位控制系统和轨迹控制系统两类。

（1）开环控制系统。开环控制系统是指输出只受系统输入控制且没有反馈回路的系统。在开环控制系统中，不把关于被控量的值的信息用在控制过程中构成控制作用。其特点是施控装置指挥执行机构动作，改变被控对象的工作状态，被控量相应地发生变化，而这种变化并不再次构成施控装置动作的原因，即控制信号和被控量之间没有反馈回路。

（2）闭环控制系统。闭环控制系统（图2-26）是指把控制系统输出量的一部分或全部，通过一定方法和装置反送回系统的输入端，然后将反馈信息与原输入信息进行比较，再将比较的结果施加于系统进行控制，避免系统偏离预定目标。闭环控制系统利用的是负反馈，即由信号正向通路和反馈通路构成闭合回路的自动控制系统，又称反馈控制系统。

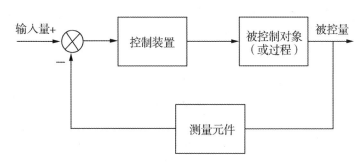

图2-26 闭环控制系统结构图

6.人机交互系统

人机交互系统是使操作人员参与机器人控制并与机器人进行联系的装置，例如，计算机的标准终端、指令控制台、信息显示板、危险信号报警器、示教器等。该系统归纳起来分为两大部分：指令给定装置和信息显示装置。

举一反三：

请指出图2-27中工业机器人工作站的组成部件的名称，并对比图中机器人与我们教室中的机器人在结构上的区别。

图2-27 4轴码垛机器人

## 学习活动四：认识工业机器人的基本参数

结合表2-5指出图2-28中工业机器人工作站上使用的机器人有几根轴？每根轴的位置在哪里？每根轴的工作方式是什么？

图2-28 ABB IRB120 工业机器人

### 知识链接

## 工业机器人的技术参数

ABB IRB120工业机器人的技术参数有许多，但主要的技术参数应包括自由度、重复定位精度、最大到达距离、最大工作速度和负载能力。它的各旋转轴位置和动作范围如图2-29、图2-30所示。

表2-5　ABB IRB120工业机器人本体规格

| 项目 | | | 规格 | 含义 | 反映的机械性能 |
|---|---|---|---|---|---|
| 动作自由度 | | | 6 | 自由度是指机器人手部在空间某位置和姿态时所具有的独立坐标轴运动的数目，一般是3~6个。机器人的自由度数一般等于关节数量。有些机器人还附带有外部轴 | 自由度越多机器人动作越灵活，但结构也越复杂，控制难度越大 |
| 负载能力 | | | 3 kg | 负载能力是指机器人在动作范围内的任何位姿上所能承受的最大重量。通常，它不仅指负载重量，也包括机器人末端执行器的重量与运行速度和加速度大小等参数。工作负载一般用高速运行时机器人所能抓取的工件重量作为负载承受能力指标 | 负载能力越大，可搬运物件的重量越大 |
| 最大到达距离 | | | 580 mm | 最大到达距离是机器人运动时手腕中心所能到达的最远位置 | 最大到达距离越大，机器人手部能到达的工作区域越大 |
| 重复定位精度 | | | ±0.01 mm | 分辨率是指机器人能够实现的最小移动距离或最小转动角度。重复定位精度是指在同一环境、同一条件、同一目标动作、同一命令下，机器人连续重复运动若干次，其位置的分散情况 | 是衡量示教再现工业机器人水平的重要指标 |
| 最大速度 | | | 6.2 m/s | 机器人法兰位置（第6轴末端）的最大运动速度 | 最大速度越大，表示同一时间内的工作能力越强，电机的抗冲击能力越强 |
| 工作范围 | 臂 | J1　旋转 | 330°（±165°） | 机器人每根轴转动的最大角度范围。其形状取决于机器人的自由度数和各运动关节的类型与配置 | 最大工作范围越大，其工作区域就越大 |
| | | J2　手臂 | 220°（±110°） | | |
| | | J3　手臂 | 180°（-110°，+70°） | | |
| | 手腕 | J4　手腕 | 320°（±160°） | | |
| | | J5　弯曲 | 240°（±120°） | | |
| | | J6　转向 | 800°（±400°）默认 484°（±242°）最大 | | |

续表

| 项目 | | | 规格 | 含义 | 反映的机械性能 |
|---|---|---|---|---|---|
| 最大工作速度 | 臂 | J1 旋转 | 250° /s | 最大工作速度是指手臂末端的最大合成速度 | 最大工作速度愈高，其工作效率就愈高 |
| | | J2 手臂 | 250° /s | | |
| | | J3 手臂 | 250° /s | | |
| | 手腕 | J4 手腕 | 320° /s | | |
| | | J5 弯曲 | 320° /s | | |
| | | J6 转向 | 420° /s | | |
| 安装方式 | | | 任意角度 | | |
| 机器人底座尺寸 | | | 180 mm × 180 mm | | |
| 机器人本体质量 | | | 约25 kg | | |
| 环境条件 | | 环境温度 | 5~45 ℃ | | |
| | | 环境湿度 | 恒温下最大95% | | |
| 防护等级 | | | IP30 | 第1个数字表示电器防尘、防止外物侵入的等级，第2个数字表示电器防湿气、防水侵入的密闭程度，数字越大表示其防护等级越高 | |

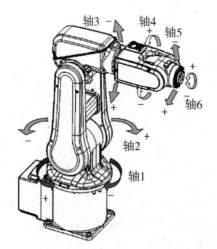

图2-29 ABB IRB120工业机器人各旋转轴位置

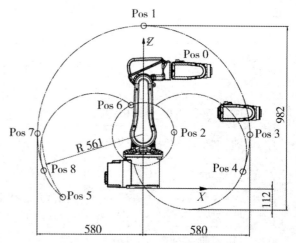

图2-30 ABB IRB120 工业机器人动作范围

注意：当装上机器人末端执行器（手爪）的时候，机器人的动作范围会变大。机器人的动作范围是按照手腕回转轴的中心点A为基准来计算的。

**课堂互动**

根据工业机器人本体的技术参数表，回答以下问题：

1.怎么理解工业机器人的关节和自由度之间的关系？

2.怎么理解工业机器人的负载能力、最大到达范围？

3.工业机器人的重复定位精度对实际生产有什么影响？

4.影响工业机器人生产效率的因素有哪些？

【知识讲解】

## 一、机器人的发展史

（1）机器人的起源。机器人"Robot"一词源自捷克语"robota"，意思是"强迫劳动"。机器人是自动执行工作的机器装置，它既可以受人类指挥，又可以运行预先编排的程序，还可以根据以人工智能技术制定的原则纲领行动。它的任务是协助或取代人类的工作。

（2）机器人的发展。随着人们对机器的研究，机器人也在进步，按其发展过程机器人可分为三代：第一代机器人为简单个体机器人，属于示教再现机器人，它只能根据事先编好的程序来工作。示教编程是指由人工引导机器人末端执行器（装于机器人关节结构末端的夹持器、工具、焊枪、喷枪等），或由人工操作导引机械模拟装置，或用示教盒来使机器人完成预期动作的程序。

图2-31 第一代工业机器人"尤尼梅特"

自20世纪50年代末至90年代，世界上应用的工业机器人绝大多数为示教再现机器人。1959年德沃尔和恩格尔伯格制造出了第一代工业实用机器人"尤尼梅特"，如图2-31所示。这种示教再现型机器人由人操纵机械手做一遍应当完成的动作或通过控制器发出指令让机械手臂动作,在动作过程中机器人会自动将这一过程存入记忆装置,当机器人工作时,能再现人教给它的动作,并能自动重复地执行。但这类机器人不具备收集外界信息的能力,很难适应变化的环境。

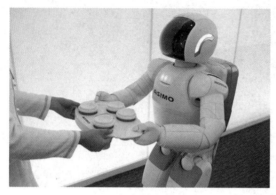

（a）端咖啡　　　　　　　　　　　（b）踢足球

图2-32　第二代双脚机器人"阿西莫"

第二代机器人为低级智能机器人,或称感觉机器人。它们对外界环境有一定感知能力,并具有听觉、视觉、触觉等功能。机器人工作时,根据感觉器官（传感器）获得的信息,灵活调整自己的工作状态,保证在适应环境的情况下完成工作。如有触觉的机械手可轻松自如地抓取鸡蛋,具有嗅觉的机器人能分辨出不同饮料和酒类。图2-32所示的"阿西莫"双脚机器人是第二代机器人的典型代表。

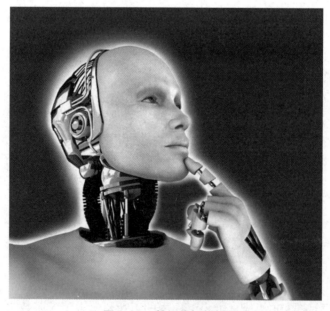

图2-33　第三代智能机器人

第三代机器人是智能机器人，如图2-33所示。智能机器人是靠人工智能技术决策行动的机器人，它们根据感觉到的信息，进行独立思维、识别、推理，并做出判断和决策，不用人的参与就可以完成一些复杂的工作。智能机器人在发生故障时，其自我诊断装置能自我诊断出发生故障的部位，并能自我修复。它是利用各种传感器、测量器等来获取环境信息，然后利用智能技术进行识别、理解、推理，最后做出规划决策，能自主行动实现预定目标的高级机器人。目前，智能机器人已在许多方面具有人类的特点，随着机器人技术的不断发展与完善，机器人的智能水平将越来越接近于人类。

## 课堂互动

1.上文中三个阶段的机器人有什么共同点和不同点？

2.每个阶段的机器人相比上一阶段有哪些进步的地方？能实现什么功能？

3.结合你对机器人的认识，畅想一下未来机器人的发展趋势。

## 二、工业机器人的新技术

（1）协作机器人（图2-34）。顾名思义，就是机器人与人可以在生产线上协同作战，充分发挥机器人的效率及人类的智能。这种机器人不仅性价比高，还安全方便，能够极大地促进制造业的发展。

图2-34 协作机器人

协作机器人作为一种新型的工业机器人，扫除了人机协作的障碍，让机器人彻底摆脱护栏或围笼的束缚，其开创性的产品性能和广泛的应用领域，为工业机器人的发展开启了新时代。

协作机器人的特点：

1）轻量化：使机器人更易于控制，提高安全性。

2）友好性：保证机器人的表面和关节是光滑且平整的，无尖锐的转角或者易夹伤操作人员的缝隙。

3）感知能力：感知周围的环境，并根据环境的变化改变自身的动作行为。

4）人机协作：具有敏感的力反馈特性，当达到已设定的力时会立即停止，在风险评估后可不需要安装保护栏，使人和机器人能协同工作。

5）编程方便：对一些普通操作者和非技术背景的人员来说，都能非常容易进行编程与调试。

（2）AGV移动机器人。在5G的加持下，借助低时延、高带宽、大连接传输特性，激光导航AGV将迎来全新的应用模式。激光导航AGV将不再受到传输限制，而是作为执行终端与控制中心实时联网，支持任意时间对AGV下达任务，后台可以通过音视频等感知端对AGV进行全程跟踪，实时掌控物流搬运轨迹及状态，并可对执行的任务任意进行中断、恢复、调整等操作，实现前所未有的柔性与灵活性。AGV移动机器人如图2-35所示。

图2-35　AGV移动机器人

（3）机器人拖拽示教。目前工业机器人应用领域从汽车、电子电器、机械等行业逐步向其他应用领域扩展，在越来越多的应用任务中，尤其是产品线更替周期短的应用场景，对机器人的应用柔性和部署快速性提出了更高要求。在传统应用领域，机器人应用任务示教环节占据了大量部署时间，并且传统工业机器人采用的示教盒现场示教或者离线编程示教方式，都需要操作人员具备较高的专业技术，为机器人的应用带来了一定难度。机器人拖拽示教如图2-36所示。拖拽示教技术通过直接手持牵引机器人到达指定位姿或沿特定轨迹移动，同时记录示教过程的位姿数据，以直观方式对机器人应用任务进行示教，可大幅缩短工业机器人在应用部署阶段的编程效率，降低对操作人员的要求，达到降本增效的目的。

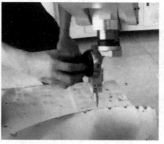

图2-36　机器人拖拽示教

目前拖拽示教主要有以下四种形式：

1）基于电流开环控制实现力反馈。此种方式的基本思路是使电机工作在电流环，拖动机器人时，电机尽可能补偿系统的重力矩及摩擦力矩，用户可以轻松推动机器人。

2）基于电流闭环控制实现力反馈。闭环力控会存在一个力反馈回路，它通过算法估计出用户的牵引力矩，再通过阻抗控制，让电机输出一个辅助力矩，帮助用户拖动机器人，完成示教工作。

3）末端力矩传感器。在机器人末端添加力矩传感器，直接把用户施加的力信息映射成各个关节的运动，这个本质上没有考虑机器人的动力学，使用时会有一定的迟滞感，只能通过使用更好的传感器来提升用户体验。

4）关节力矩传感器。此种实现方式是在机器人关节处安装力矩传感器和双编码器，组成柔性关节或线弹性驱动器。

【应用训练】

通过观察工业机器人，掌握工业机器人的主要组成部分和类型，说出图2-37中指示线所指部件的名称，并填写到指示线所指的相应位置；说出该工业机器人的应用领域、结构类型和控制方式。

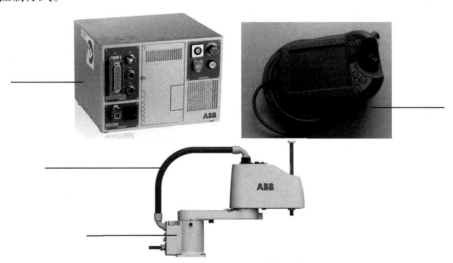

图2-37　SCARA工业机器人

 主题讨论

1.机器人能否代替人做所有的事情？

2.机器人对人类的影响主要表现在哪些方面？

【课后习题】

一、选择题

1.下列机器人中属于工业用机器人的是？（　　　）

A.弧焊机器人　　　B.战争机器人　　　C.电子宠物狗　　　D.导盲机器人

2.常见的工业机器人按用途进行分类，包括（　　　）、喷涂机器人等多种。

A.搬运机器人　　　B.服务机器人　　　C.装配机器人　　　D.焊接机器人　　　E.救灾机器人

3.工业机器人按照结构类型分类可分为（　　　）。

A.娱乐机器人、服务机器人、工业机器人、特殊用途机器人

B.搬运机器人、装配机器人、焊接机器人、喷涂机器人

C.直角坐标型机器人、圆柱坐标型机器人、球坐标型机器人、垂直多关节坐标型机器
　人、水平多关节坐标型机器人。

D.切割机器人、检测机器人、喷漆机器人、码垛机器人

4.（　　　）不属于工业机器人的控制部分。

A.控制器　　　　　B.传感器　　　　　C.示教编程器　　　D.系统软件

5.教室的ABB工业机器人有（　　　）动作自由度。

A.4个　　　　　　　B.5个　　　　　　　C.6个　　　　　　　D.7个

二、判断题

1.完整的机器人系统在工作中可以不依赖于人的干预。（　　　）

2.负载能力不包括机器人末端执行器的重量。（　　　）

三、填空题

1.机器人是一种_____的、位置可控的、_____的多功能操作机。

2.工业机器人是一种能自动定位，可重复编程的_____、_____的操作机。

3.工业机器人由_____、_____、_____3大部分组成。

4.工业机器人的6个子系统有_____、_____、机器人—环境交互系
统、_____、控制系统、人机交互系统。

四、简答题

1.直角坐标型机器人与垂直多关节坐标型机器人的区别是什么？

2.智能机器人的所谓智能的表现形式是什么？

# 任务三　工业机器人安全操作与保养

**【任务描述】**

认识机器人安全警告标签，掌握工业机器人工作站安全操作规范、点检和保养要求，能按照要求正确使用、维护工业机器人工作站。

**【学习目标】**

1.能够按照安全操作规程正确规范操作工业机器人。

2.能够叙述工业机器人操作注意事项、保养要求。

3.能够对机器人进行日常简单的例行维护保养操作。

**【引导操作】**

## 学习活动一：认识工业机器人安全标签

观察图3-1中工业机器人安全标签，为安全标签选择合适的名称，把标签和名称连起来，然后在工业机器人操作平台上找出相应的标签，说说其含义。

挤压　　　　　注意　　　　　不得踩踏　　　　　电击　　　　　静电放电　　　　　高温

图3-1　安全标签连连看

# 机器人危险等级和安全标签

（1）危险等级图标。危险等级图标如表3-1所示。

表3-1　危险等级图标

| 标志 | 名称 | 含义 |
|---|---|---|
|  | 危险 | 警告，如果不依照说明操作，则会发生事故，并会导致严重或致命的人员伤害和/或严重的产品损坏 |
|  | 警告 | 警告，如果不依照说明操作，可能会发生事故，造成严重的伤害（可能致命）和/或重大的产品损坏 |
|  | 电击 | 针对可能会导致严重的人身伤害或死亡的电气危险的警告 |
|  | 小心 | 警告，如果不依照说明操作，可能会对人员造成伤害和/或发生产品损坏的事故 |
|  | 静电放电 | 针对可能会导致严重产品损坏的电气危险的警告 |
|  | 注意 | 描述重要的事实和条件 |
|  | 提示 | 描述从何处查找附加信息或如何以更简单的方式进行操作 |

（2）安全标签。安全标签如表3-2所示。

表3-2　安全标签

| 标志 | 含义 |
|---|---|
|  | 不得拆卸：拆卸此部件可能会导致故障或危险 |
| 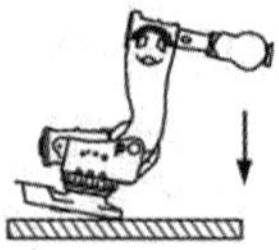 | 制动闸释放：按此按钮将会释放制动闸。这意味着机器人可能会掉落 |
|  | 拧松螺栓有倾翻风险：如果螺栓没有固定牢靠，机器人可能会翻倒 |
|  | 高温：存在可能导致灼伤的高温风险 |
|  | 机器人移动：机器人可能会移动 |
|  | 不得踩踏：如果踩踏这些部件，可能会造成损坏 |

想一想：

大家还见过哪些安全警告标签？试着描述一下其图标，并说说其含义。

_____

_____

_____

## 学习活动二：认识工业机器人安全操作规范

观察下列图片（图3-2），判断这些行为是否合理正确。

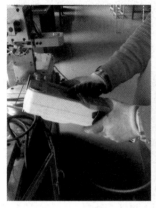  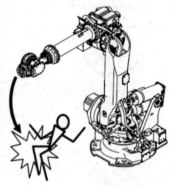

（a）戴手套操作机器人示教器　　　（b）人倚靠在机器人上　　（c）人站在正在工作的机器人手臂下

图3-2　判别工业机器人操作行为的正误

**知识链接**

## 工业机器人安全操作规程

1.操作人员资格要求

（1）设备操作人员必须经过专业培训，并通过机器人初级（及初级以上）培训考核后上岗。

（2）未经使用部门的领导同意，任何人不得擅自操作机器人。

（3）禁止没有参加培训的人员擅自非法操作设备。

（4）操作人员必须穿戴相关劳保用品，如安全鞋、安全帽等。

2.设备操作规程

（1）使用前确保机器人本体、控制器、示教器及各附件连接电缆的外观良好。

（2）设备启动前确保机器人紧固于底座，底座紧固于地板。

（3）机器人运行之前先确保控制器及示教器上的急停开关起作用。

（4）遵守设备上的危险、警告、注意、强制、禁止标志。

（5）任何人未经操作人员同意不得进入机器人工作范围。

（6）有人员进入机器人工作范围必须有操作人员陪伴，保证机器人处于停止且使能切断电源开关状态。

（7）设备启动时依照正常的顺序对设备进行开机、关机。

（8）设备启动前一定要确认机器人工作范围内无干涉。

（9）机器人运行过程中，一旦有未经许可的人员靠近机器人，必须立即按下急停按钮，切断电源开关。

（10）因工作需要对设备进行相应的改造时，需知会设备供应商，做相应的确认。

（11）设备运作过程中，出现任何异常都应停止工作，记录异常情况，并知会设备供应商，确认是否可继续工作。

3.机器人系统出现故障时

（1）关断机器人控制系统并做好保护，防止未经许可的重启。

（2）通过有相应提示的铭牌来标明故障。

（3）对故障进行记录。

（4）排除故障并进行功能检查。

## 课堂互动

1.操作工业机器人时是否需要穿安全鞋、工作服，戴安全帽、防护眼镜？

2.操作过程中，如果发生紧急情况该如何处理？

# 学习活动三：机器人的日常点检操作

机器人属于高精度的设备，定期保养机器人可以延长机器人的使用寿命。工厂中的设备检查方式常可以分为巡检和点检两种。巡检是定时巡视检查设备的运行状况，点检是巡视设备时需要对所巡检的设备进行专项打卡，重点检查。机器人的点检周期一般可以分为日常、季度、年度、两年。点检和保养按照点检保养表的项目进行，点检保养工作要特别保证正确无误，并且将点检保养的结果进行记录。

请基于目前自身所掌握的知识，在表3-3中，把你认为在不开启机器人的情况下即可完成的日常检查项目打"√"。

表3-3　日常点检项目

| 序号 | 日常点检内容 | |
|---|---|---|
| 1 | 检查本体油污、粉尘是否已清理 | |
| 2 | 检查本体是否有不正常的响声和异常抖动 | |
| 3 | 检查机器人是否有润滑油漏出 | |
| 4 | 检查控制器外部油污、粉尘是否已处理 | |
| 5 | 确认控制器外部各连接插头是否都完好 | |

续表

| 序号 | 日常点检内容 | |
|------|------------|---|
| 6 | 确认控制器上各按钮是否完整并能正常使用 | |
| 7 | 确认与本体连接的航空插头是否固定完好 | |
| 8 | 确认与本体连接的电缆线有无破损 | |
| 9 | 确认控制器外部各信号指示灯是否完好 | |
| 10 | 确认示教器各按钮是否完好、能否正常使用 | |
| 11 | 确认控制器风扇运转是否正常 | |

## 知识链接

日常点检项目操作方法见表3-4。

表3-4 日常点检项目操作方法

| 序号 | 检查项目 | 可能的原因及影响 | 处理方法 |
|------|---------|----------------|---------|
| 1 | 检查本体上是否清洁，是否沾满油污和灰尘 | 在存在油污或粉尘的环境中，过一段时间后粉尘就会沉积下来落在本体的表面，油污会流到本体底座航空插头里面，导致线路短路，甚至损坏马达等 | 及时清理本体上的油污和粉尘 |
| 2 | 检查本体在运行时的异常响声和抖动 | 本体在运行时如果有异常的响声和抖动，可能是马达刹车没有松开、马达坏、减速机坏、轴承转动不顺畅等。如没能及时发现处理会导致更大损坏 | 发现后及时处理或是报修于自动化机器人厂家 |
| 3 | 检查本体各轴的连接处缝隙是否有润滑油漏出 | 本体上漏油可能是油封磨损导致的，如不及时处理可能造成减速机及轴承内部缺油而损坏 | 发现后及时处理或是报修于自动化机器人厂家 |
| 4 | 检查控制器上是否清洁，是否沾满油污和灰尘 | 在存在油污或粉尘的环境中，过一段时间后粉尘就会沉积下来落在控制器表面、外部线缆上，油污会腐蚀电缆或开关等原件，使其加速老化；油污或灰尘侵入控制器内部，会造成内部线路短路，导致电控原件损坏 | 及时清理控制器上的油污和粉尘 |
| 5 | 检查控制器外部各连接插头是否完好 | 插头松动会造成信号接触不良，油污水汽等可能侵入造成短路异常，插头破损外漏会有触电的危险 | 及时拧紧连接插头，清理油污水汽，更换破损的插头 |
| 6 | 检查控制器上各按钮外观是否完好，功能是否正常 | 由于外力撞击、反复使用、油污水汽侵蚀等，按钮可能破损或失效，造成控制异常 | 及时更换受损的或失效按钮 |

续表

| 序号 | 检查项目 | 可能的原因及影响 | 处理方法 |
|------|----------|------------------|----------|
| 7 | 检查与本体连接的航空插头是否固定完好 | 本体可能放置在各种恶劣的环境中，如果接头没有固定好的话，油污、水汽、铁屑、杂质等可能侵入造成短路、击穿电路等不良影响 | 及时把与本体连接的航空插头固定好，清理油污、水汽、铁屑、杂质等 |
| 8 | 检查与本体连接的电缆线有无破损 | 与本体连接的电缆线一般都很长，而且长期暴露在复杂的外界环境中，在油污侵蚀、外力碾压、拉扯等作用下，很容易出现破损现象；一旦破损，可能造成信号短路或断路，机器人异常；如果动力线破损，可能有触电的危险 | 及时更换或修复受损的电缆线，严禁碾压、拉扯、踩踏电缆线 |
| 9 | 检查控制器外各信号指示灯是否完好 | 控制器外各信号灯对控制器运行状况起重要的显示作用，如果信号灯受损，将不能提示机器人的各种情况，出现异常也可能得不到及时处理 | 及时更换失效或受损的信号指示灯 |
| 10 | 检查示教器各按钮是否完好、能否正常使用　外观：检查帽盖有无破损或脱落　功能：检查急停按钮能否正常按压、旋开并进入操作界面，在手动模式下观察程序有无正确检测到按钮动作 | 外力撞击或环境因素造成示教器各按钮失效，机器人无法正常操作 | 及时更换受损的示教器按钮。严禁碰撞、敲打示教器 |
| 11 | 检查控制器内部风扇运转情形，确认吸风量及运转声有无异常 | 风扇长期运转之下，可能因灰尘或其他因素导致风扇无法正常工作，造成箱内温度过高，控制器无法运作 | 发现异常的风扇应及时进行更换 |

## 【知识讲解】

### 一、初次检查

机器人在初次使用前，请按照以下规则进行检查：

检查机器人本体是否已用螺栓平稳地固定，如未固定好，请固定。

检查本体与控制器之间是否正确连接，接头卡扣是否松动，如发现有松动，请紧固。

检查示教器与控制器是否稳固连接，如未连接妥当，请更正。

检查外部I/O接口是否稳固连接，如未连接妥当，请更正。

检查外部连接电缆是否稳固连接，如未连接妥当，请更正。

检查护栏上感应器是否能够正常工作，如不能正常工作，请更换。

## 二、机器人基础安全

基础安全一

把机器人安装在没有漏洞的安全护栏内，这样在机器人运行过程中，可以有效地防止人员进入机器人工作区域。

基础安全二

如图3-3、图3-4所示，护栏的安全门应该带上安全插销及锁定结构，安全门必须通过打开安全插销才能打开，并且拔开安全插销必须使机器人自动安全停止。

图3-4 围栏闭合　　　　　　　　　　图3-3 围栏打开

基础安全三

机器人操作运行或者等待中，所有人员绝不可以进入机器人的运行范围内。

基础安全四

当需要示教/检查机器人进入安全护栏内时，要将安全插销带在身上进去，以免有人意外操作机器人，同时，维修人员在控制器前应指派一名监察员监控各操作，并随时准备按紧急停止按钮，但除紧急停止外，监察员进行任何操作需经过维修人员同意确认。

基础安全五

最好每个工作站都能清楚地显示该工作站的操作模式，例如运行中（图3-5）、示教中（图3-6）、紧急停止中等信息。这样每个人都能看到机器人的运行情况。

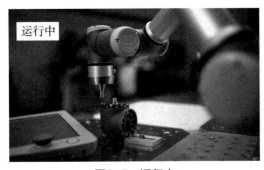

图3-5　运行中　　　　　　　　　　　　　图3-6　示教中

## 三、工业机器人安全操作注意事项

1.人的安全

（1）机器人可以在很短的时间，以很高的速度移动很大的距离，所以要特别注意安全，小心谨慎操作。

（2）机器人处于自动模式时，严禁人身体的任何部分进入其运动所及区域。

（3）机器人在发生意外或运行不正常等情况下，均可使用蘑菇头急停开关使其停止运行。

（4）机器人操作以"安全第一、预防为主"为原则。

（5）机器人操作人员须熟悉并了解机器人操作权限限制及操作安全注意事项等。

（6）由于机器人系统复杂而且危险性大，在练习期间，对机器人进行任何作业都必须注意安全，无论什么时候进入机器人工作范围都可能导致严重的伤害。

（7）没经过培训认证的人员，严禁操作机器人。

2.开关机前的安全

（1）机器人在运行和等待中，绝不可进入机器人的工作区域。在开机或启动机器人前，务必确认已符合各项安全条件，清除一切机器人运动范围内的阻挡物，同时不要试图操作机器人做危险动作，要使机器人立即停下来，请按紧急停止按钮。

（2）操作前请仔细阅读并完整理解操作、示教、维护等安全事项。连接电源电缆前，请确认供电电源电压、频率、电缆规格符合要求，确保机器人控制箱及本体可靠接地，确认外部动力电源包含控制电源、气源能被切断。

3.示教过程的安全

（1）建议在安全围栏之外完成示教，但如果需要进入安全围栏内，请严格执行下述事项：

1）请清楚标示示教工作正在进行中，以免有人通过控制器、示教器等错误操作机器人系统装置。

2）完成示教工作后，请在围栏外确认工作，这时，机器人的速度选择25%以下，直到运动确认正常。

3）示教过程中，确认机器人的运动范围，不要靠近机器人或进入机器人手臂的下方。

（2）禁止戴手套操作示教器和操作面板，必须使用专用的示教笔操作机器人。

（3）在点动操作机器人时要采用较低的速度比率以加深对机器人的控制的体会。

4.自动运行时的安全

由于自动运行进行生产作业时将高速重复运行，请严格遵守如下事项：

（1）在自动操作前，请确认所有紧急停止开关正常！操作前完成阅读理解机器人操作手册。

（2）在自动运行过程中，永远不要使手或者身体的其他部位进入安全围栏。

（3）在自动运行过程中，在等待定时延时或外部信号输入时，机器人将立即恢复运行。

（4）在安全运行围栏上标示"运行中"，禁止人员进入围栏内！

（5）如果有故障导致机器人在自动运行中停止，请检查显示的故障信息，按照正确的故障恢复顺序来恢复或重启机器人。

注意事项：

（1）在自动运行程序前必须确认当前程序经过手动运行示教点位且检验无误！

（2）自动运行程序前，必须检查并确认机器的工作区域安全！

5.维修时的安全

要进行维修时，请严格遵守以下事项：

（1）机器人急停开关（ESTOP）绝不允许被短接。

（2）禁止非专业人员检修、拆卸机器人任何部件，控制器内有高压电时禁止带电维护和保养。

（3）进入安全围栏内作业，机器人必须处于停止状态，请确认所有的安全措施都已准备好，示教器要随身携带，防止他人操作。

（4）进入安全围栏前，请切断从控制电源到机器人总电源的所有电源，并放置清晰的标示"维护中"。

（5）在拆除关键轴的伺服电机前，使用合适的提升装置支撑好机器人手臂，因为拆除电机将使该轴电机刹车失效，没有可靠支撑会造成手臂下掉。

## 四、工业机器人维护保养

机器人由机器人本体和控制器机柜组成，必须定时对其进行维护，以确保其功能正常发挥。维护活动及其相应的间隔在表3-5中进行了明确说明。

表3-5 日常保养表

| 序号 | 检查周期 | 设备 | 维护活动 |
|---|---|---|---|
| 1 | 每天 | 机器人 | 检查本体及工具是否有异常磨损或污染 |
| 2 | 定期 | 示教器 | 使用软布和水或温和的清洁剂来清洁触摸屏和硬件按钮 |
| 3 | 定期 | 机器人 | 使用真空吸尘器、少量清洁剂或蘸了酒精的布擦拭机器人本体 |
| 4 | 定期 | 塑料盖 | 检查塑料盖是否存在裂纹或损坏 |
| 5 | 定期 | 电缆线束 | 目测检查机器人与控制机柜之间的控制布线，查找是否有磨损、切割或挤压损坏 |
| 6 | 定期 | 轴1、2、3阻尼器 | 检查所有阻尼器是否有裂纹、超过1 mm的印痕或变形 |
| 7 | 6个月 | 系统风扇 | 检查系统风扇和机柜表面的通风孔以确保其干净清洁 |
| 8 | 12个月 | 使动装置 | 启动机器人系统并将模式开关转到手动模式，按下使动装置至中间位置，示教器显示"电机上电"，用力按紧，电机断电，则功能正常 |
| 9 | 12个月 | 模式开关 | 将模式开关从手动模式切换到自动模式，如果能以自动模式运行机器人，则测试通过 |
| 10 | 12个月 | 停止按钮 | 目视检查急停按钮有没有物理损伤；按下急停按钮看电机是否处于关闭状态 |
| 11 | 12个月 | 控制器 | 检查连接器和布线以确保其得以安全固定，并且布线没有损坏 |
| 12 | 36个月 | 同步带 | 检查同步带是否断裂或磨损 |
| 13 | 36个月 | 电池组 | 检查电池使用时间是否已达到36个月或出现电池低电量警告，又或者电池电压低于正常值 |

【应用训练】

根据你在课堂上学习到的工业机器人安全操作知识，指出我们课堂中有哪些不规范的行为和现象，并把它写下来。

_____

_____

**课堂互动**

1.工业机器人安全操作很重要，你将在哪些行为上提高自身的安全意识？试着举出一些例子。

2.为什么现场操作人员要对工业机器人进行日常维护保养，而不是把这项工作交给维修人员来进行？

【课后习题】

## 一、选择题

1.工业机器人安全操作规程包括以下哪些内容？（　　　）

A.操作人员资格要求

B.设备操作规程

C.机器人系统出现故障时的排除

2.在下列图片中，提示标签是（　　　）。

　A.　　B.　　C.　　D.

3.下列安全标签，表示不得拆卸的是（　　　）。

　A.　　B.　　C.　　D.

4.以下表示机器人移动的图标是（　　　）。

　A.　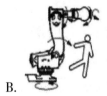　B.　　C.　　D.

## 二、判断题

1.危险等级图标中，危险标志的含义是警告，如果不按照说明操作，可能会对人员造成伤害或发生产品损坏的事故。（　　　）

2.为了避免触电，操作示教器时需要佩戴手套。（　　　）

3.检查示教器的时候，需要检查急停按钮功能是否正常，在手动模式下观察程序有无正确检测到按钮动作。（　　　）

4.机器人操作运行或者等待中，可以进入机器人运行范围。（　　　）

5.开机前的安全检查需要清除一切障碍，电压气源应符合要求、正常开关机（直接切断总电源）。（　　　）

## 三、简答题

1.操作工业机器人时是否需要穿安全鞋、工作服，戴安全帽、防护眼镜？为什么？

2.操作过程中，如果发生紧急情况该如何处理？

3.什么是6S管理？

4.关机的状态下可以掰动机器人关节吗？为什么？

5.通过网络、报纸、杂志等收集由于不注意安全文明生产而引发的安全事故，然后分析其原因，并谈谈自己对安全文明生产的认识。

# 任务四　示教编程器的使用

## 【任务描述】

通过实物及RobotStudio仿真软件熟悉工业机器人示教编程器及控制器上的按钮，掌握示教编程器的使用方法，能准确操作基础应用工作站，实现工业机器人的开关机及简单运动操作。

## 【学习目标】

1.能够在电脑上安装RobotStudio仿真软件及打开工作站。

2.能够实现工业机器人的正确开关机。

3.能够说出工业机器人示教编程器及控制器的按键功能。

4.能够使用示教编程器操作工业机器人实现轴的简单动作。

## 【引导操作】

### 学习活动一：安装RobotStudio仿真软件及解包工作站

### 一、RobotStudio软件下载方式

官网下载，在官网上下载最新版本RobotStudio软件。步骤如下：

（1）在浏览器地址框内输入www.RobotStudio.com，即可跳转到RobotStudio官方下载界面，下拉界面会看到下载按钮，单击下载按钮，如图4-1所示。

图4-1

（2）单击下载按钮后，会弹出如下界面，需要填写个人信息以及邮箱（输入中文/英文名均可），提交信息后，稍后官网会将下载链接发送至邮箱（图4-2）。

图4-2　注册界面

（3）邮箱收到邮件后，打开邮件，邮件内会有下载链接，单击DOWNLIAD ROBOTSTUDIO®按钮后，下载安装包（图4-3、图4-4）。

图4-3　邮件内的下载链接

图4-4 下载安装包

（4）通过网上搜索，可下载其他版本RobotStudio软件。

## 二、RobotStudio软件安装步骤

（1）安装包下载完成后，解压已经下载好的压缩包，以RobotStudio6.07为例演示安装步骤。首先打开安装包文件，找到"setup.exe"（图4-5），双击运行，在弹出的语言窗口中选择安装语言，选择中文（简体）即可（图4-6、图4-7）。

| 名称 ^ | 修改日期 | 类型 | 大小 |
|---|---|---|---|
| 0x040C.ini | 2014/10/1 10:41 | 配置设置 | 26 KB |
| 0x0407.ini | 2014/10/1 10:40 | 配置设置 | 26 KB |
| 0x0409.ini | 2014/10/1 10:41 | 配置设置 | 22 KB |
| 0x0410.ini | 2014/10/1 10:41 | 配置设置 | 25 KB |
| 0x0411.ini | 2014/10/1 10:41 | 配置设置 | 15 KB |
| 0x0804.ini | 2014/10/1 10:44 | 配置设置 | 11 KB |
| 1031.mst | 2018/4/26 22:49 | MST 文件 | 120 KB |
| 1033.mst | 2018/4/26 22:49 | MST 文件 | 28 KB |
| 1034.mst | 2018/4/26 22:49 | MST 文件 | 116 KB |
| 1036.mst | 2018/4/26 22:49 | MST 文件 | 116 KB |
| 1040.mst | 2018/4/26 22:49 | MST 文件 | 116 KB |
| 1041.mst | 2018/4/26 22:49 | MST 文件 | 112 KB |
| 2052.mst | 2018/4/26 22:49 | MST 文件 | 84 KB |
| ABB RobotStudio 6.07.msi | 2018/4/26 22:38 | Windows Install... | 10,136 KB |
| Data1.cab | 2018/4/26 22:48 | WinRAR 压缩文件 | 1,972,191... |
| Release Notes RobotStudio 6.07.pdf | 2018/4/26 23:06 | WPS PDF 文档 | 1,476 KB |
| Release Notes RW 6.07.pdf | 2018/4/27 8:40 | WPS PDF 文档 | 121 KB |
| RobotStudio EULA.rtf | 2018/2/14 18:59 | RTF 文件 | 120 KB |
| setup.exe | 2018/4/26 22:50 | 应用程序 | 1,677 KB |
| Setup.ini | 2018/4/26 22:19 | 配置设置 | 7 KB |

图4-5 找到"setup.exe"

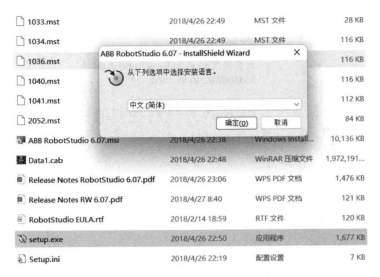

图4-6 安装中文（简体）

图4-7 正在准备安装

（2）单击"下一步"（图4-8）。

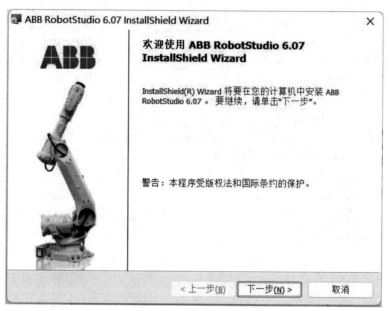

图4-8 单击"下一步"

（3）协议选择"我接受该许可证协议中的条款"，然后单击"下一步"（图4-9）。

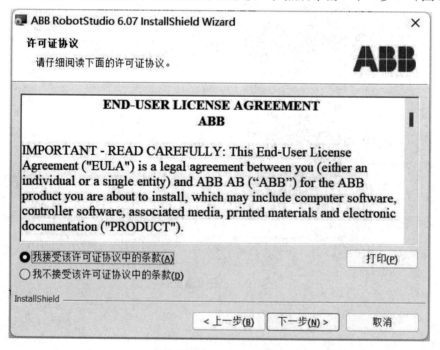

图4-9 继续"下一步"

（4）隐私声明选择"接受"（图4-10）。

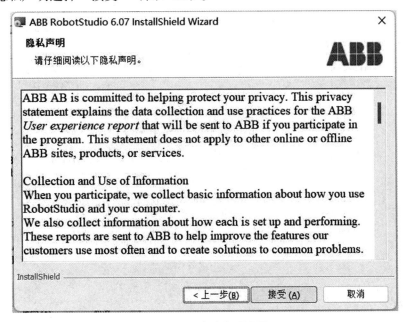

图4-10　隐私声明界面

（5）单击"更改"可以更改安装目录，可以将它装到D盘中，也可以使用默认安装路径（图4-11）。

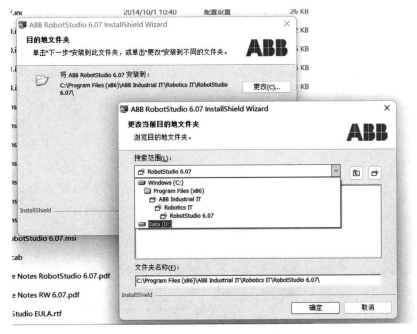

图4-11　安装目录

（6）安装类型。单击"完整安装"安装全部组件或者单击"自定义"安装你想要的组件，然后单击"下一步"（图4-12）。

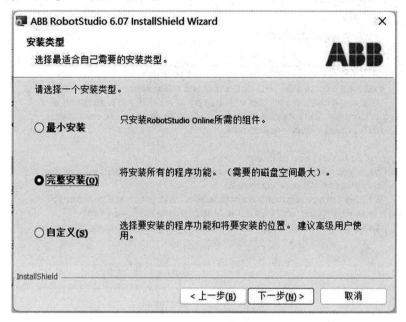

图4-12　安装类型

（7）正在安装中，请耐心等待（图4-13、图4-14）。

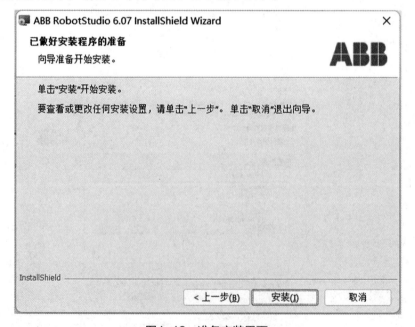

图4-13　准备安装界面

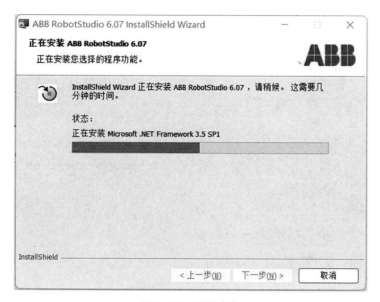

图4-14 正在安装

（8）安装完成，单击"完成"按钮（图4-15）。

图4-15 安装完成

（9）在桌面上可看到软件图标，如图4-16所示。

图4-16 桌面图标

### 三、ABB机器人RobotStudio解包和打开工作站

（1）双击打开RobotStudio软件，在左侧菜单栏中，如图4-17所示，单击"打开"。

图4-17　打开

（2）选择一个需要解包的文件，单击"打开"（图4-18）。

图4-18　解包文件

（3）单击"下一个"。

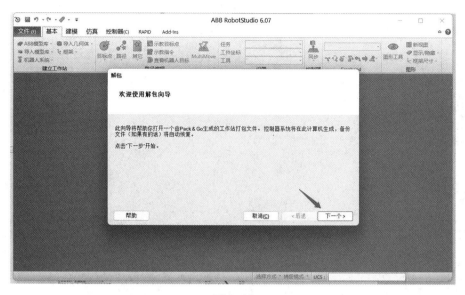

图4-19

（4）选择一个目标文件夹（也就是解包后文件的位置），单击"下一个"（图 4-20）。

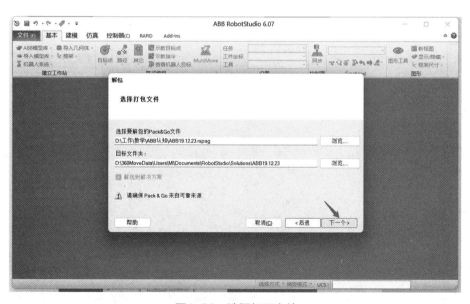

图4-20 选择打开文件

（5）库处理选择"从本地PC加载文件"，单击"下一个"（图4-21）。

图4-21　选择"从本地PC加载文件"

（6）选择"RobotWare"版本，单击"下一个"（图4-22）。

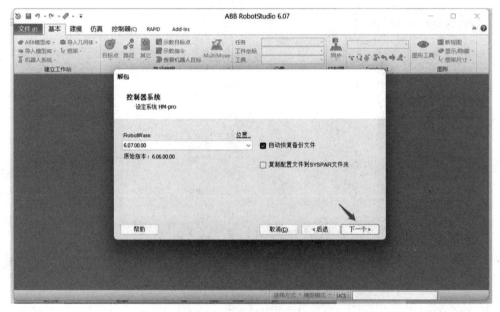

图4-22　单击"下一个"

（7）单击"完成"按钮（图4-23）。

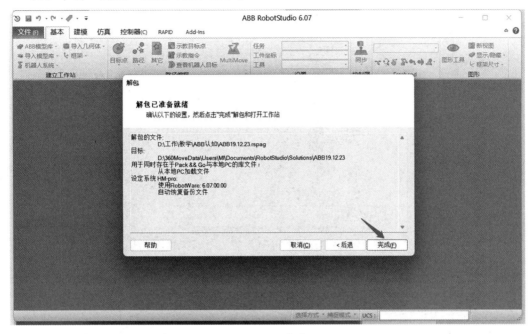

图4-23 完成

（8）正在解包（图4-24）。

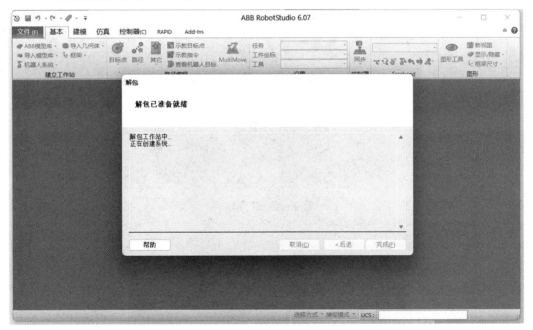

图4-24 正在解包

（9）解包完成，单击"关闭"按钮，就能看到已经解包完成的工作站（图4-25、图4-26）。

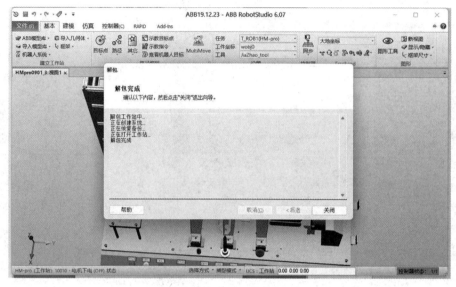

图4-25　解包完成

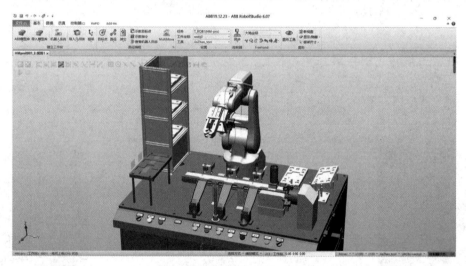

图4-26　工作站

**知识链接**

## 一、RobotStudio软件简介

RobotStudio软件是ABB机器人公司推出的一款机器人离线编程与仿真的计算机应用程序，其独特之处在于将它下载到实际机器人控制器的过程中没有翻译阶段。

该软件第一版发布于1988年，使用图形化编程、编辑、调试机器人系统来操作机器人，并模拟优化现有的机器人程序。它不仅可供学习机器人性能和应用的相关知识，还可用于远程维护和故障排除。

RobotStudio准确离线编程的关键是虚拟机器人技术，同样的代码也运行在PC和机器人控制器上，因此当代码完全离线开发时，可以将它直接下载到控制器，缩短了将产品推向市场的时间。

## 二、RobotStudio软件界面介绍

1. RobotStudio软件的初始界面如图4-27所示。

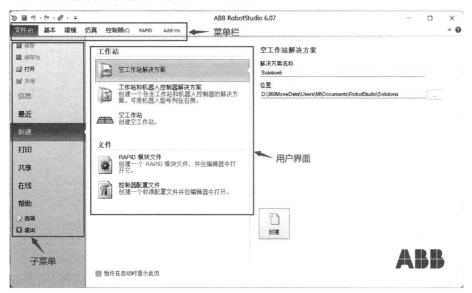

图4-27　软件初始界面

2.工作站解包完成后的界面如图4-28所示。

图4-28　工作站解包完成后

RobotStudio软件界面可以分为六个区域：①选项卡功能区；②命令组区；③操作面板区；④图形显示窗口；⑤输出窗口区；⑥指令区及状态栏。下面为大家介绍各选项卡的主要功能：

（1）"文件"选项卡。"文件"选项卡（图4-29），包含创建新工作站、创造新机器人系统、连接到控制器。

图4-29　"文件"选项卡

（2）"基本"选项卡（图4-30）。"基本"选项卡包括搭建工作站、创建系统、编程路径和摆放物体所需的控件。

图4-30　"基本"选项卡

（3）"建模"选项卡（图4-31）。"建模"选项卡（图4-31）包含创建和分组工作站组件、创建实体、测量以及其他CAD操作所需的控件。

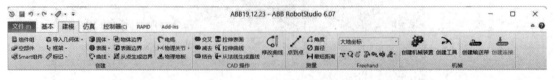

图4-31　"建模"选项卡

（4）"仿真"选项卡。"仿真"选项卡（图4-32）包含创建、控制、监控和记录仿真所需的控件。

图4-32 "仿真"选项卡

（5）"控制器"选项卡。"控制器"选项卡（图4-33）包含用于虚拟控制器（VC）的同步、配置和分配给它的任务的控制措施，还包含用于管理真实控制器的控制措施。

图4-33 "控制器"选项卡

（6）"RAPID"选项卡。

"RAPID"选项卡（图4-34）包含RAPID编辑器的功能，RAPID文件的管理以及用于RAPID编程的其他控件。

图4-34 "RAPID"选项卡

（7）"Add-Ins"选项卡。"Add-Ins"选项卡（图4-35）包含PowerPacs和VSTA的相关控件。

图4-35 "Add-Ins"选项卡

## 学习活动二：认识机器人的示教器和控制器

请对照示教编程器实物，说一说示教器由哪几部分组成，再试着说出图4-36中示教编程器上所指结构的名称和功能，把相应的名称填写在图4-36中对应的位置上。

图4-36 示教编程器结构

（1）示教器及其作用。示教器又叫示教编程器，是机器人控制系统的核心部件，是一个用来注册和存储机械运动或处理记忆的设备。该设备是由电子系统或计算机系统执行的。

示教器是进行机器人的手动操纵、程序编写、参数配置以及监控用的手持装置。示教器的作用主要有以下几点：

1）单步移动机器人。

2）编写机器人程序。

3）示教试运行机器人程序。

4）查看、编辑机器人的工作状态（输入输出、程序数据等）。

5）配置机器人参数（输入输出信号、可编程按键等）。

（2）示教器结构功能说明（表4-1）。

表4-1 示教器结构功能说明

| 编号 | 名称 | 作用 |
| --- | --- | --- |
| A | 连接器 | 将示教器和控制器进行连接 |
| B | 触摸屏 | 查看机器人工作状态、编程、配置机器人参数等 |
| C | 紧急停止按钮 | 切断电机电源使机器人停止 |
| D | 控制杆 | 手动移动机器人 |
| E | USB端口 | 程序拷贝、系统备份等 |
| F | 使动装置 | 控制机器人电机的上电 |

续表

| 编号 | 名称 | 作用 |
|------|------|------|
| G | 触摸笔 | 在触摸屏上点击屏幕 |
| H | 重置按钮 | 重置示教器状态 |
| I | 功能按键 | 含预设按键、移动机器人操作键和程序运行键三类 |

（3）示教器的握持。示教器的握持方法见如4-37所示。左手四根手指穿过示教器背部的防滑带，握住使动装置，右手拿着触摸笔在示教器屏幕上进行操作。

图4-37　示教器握持方法

2.请对照控制器实物，猜一猜图4-38中控制器面板上A、B、C、D、E所指位置的按钮与表4-2中的哪个名称对应。

表4-2　按钮名称

| 制动闸释放按钮 | 电机开启按钮 | 紧急停止按钮 | 主电源开关 | 模式开关 |
|------|------|------|------|------|

图4-38　IRC5 Compact型控制器面板

（4）控制器及其按键功能。机器人控制器作为工业机器人最为核心的零部件之一，对机器人的性能起着决定性的影响，在一定程度上影响着机器人的发展。ABB工业机器人控制器拥有卓越的运动控制功能，可快速集成附加硬件。

IRC5是ABB第五代机器人控制器，融合True move、Quick move等运动控制技术，对提升机器人性能，包括精度、速度、节拍时间、可编程性、外轴设备同步能力等，具有至关重要的作用。其他特性还包括配备触摸屏和操纵杆编程功能的FlexPendant示教器、灵活的RAPID编程语言及强大的通信能力。它通常由一个控制模块和一个驱动模块组成，可选增一个过程模块以容纳定制设备和接口，如点焊、弧焊和胶合等。其外形如图4-38所示，对应面板按钮如表4-3所示。

表4-3　控制器面板按钮功能说明

| 按钮 | 功能简介 |
| --- | --- |
| 主电源开关 | 控制机器人控制器电源的通断 |
| 制动闸释放按钮 | 当机器人本体出现机械结构不能运动的情况时，使用该按钮松开机器人各轴电机制动闸，可掰动各轴重新调整机器人姿势 |
| 模式开关 | 切换机器人的手动、自动运行模式 |
| 电机开启按钮 | 按下按钮实现机器人各轴电机上电 |
| 紧急停止按钮 | 紧急情况下按下按钮切断机器人电机电源 |

## 学习活动三：示教器的使用

1.按图4-39所示的操作步骤启动工业机器人

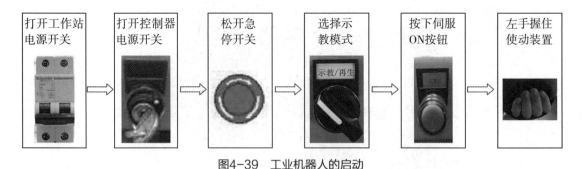

图4-39　工业机器人的启动

**知识链接**

（1）主电源的接通。

1）闭合工业机器人工作站的总电源开关，使总电源开关处于ON位置。

2）总电源打开后，要确保机器人的工作范围内无人员，并且在安全的区域进行机器人的操作。将控制器的电源开关转到ON状态，如图4-40所示。

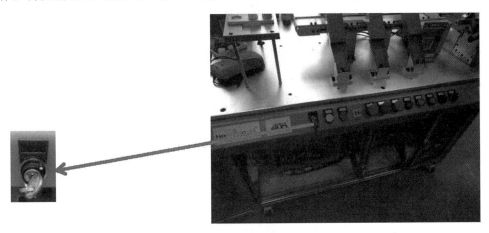

图4-40 启动控制器的电源

3）接通电源后，控制器执行初始化诊断，示教编程器显示开始启动画面，如图4-41所示。如果系统没有问题，则会出现工作界面，如图4-42所示。在电源切断后，控制器会存储现有机器人工作状态和运行或编辑的程序。

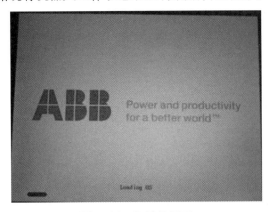

图4-41 初始化界面

图4-42 工作界面

（2）机器人的启动（伺服电机的启动）。

1）手动状态下机器人的启动：当打开工作站电源、控制器电源，松开急停开关后，处于手动示教模式时，使伺服电源接通的操作顺序如图4-43所示。

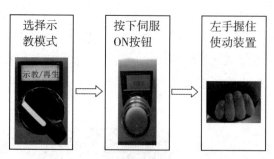

图4-43　示教模式下伺服电源的接通

2）自动状态下机器人的启动：当打开工作站电源、控制器电源，松开急停开关后，处于自动模式时，机器人程序自动运行的操作顺序如图4-44所示。

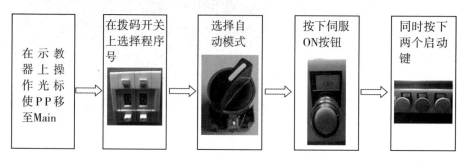

图4-44　自动模式下机器人运行程序

**课堂互动**

1.手动模式下，按照开机动作每操作一步机器人平台有什么反应？

2.自动模式下运行程序还需要按下使动装置吗？为什么？

3.自动模式下为什么会有两个启动键？只有一个行不行？

在工作站按钮面板上有一个模式切换开关，只有这个模式切换开关旋转到位时才可以实现手动或自动功能。编程操作员把想要让机器人做的事情（作业程序）录入机器人中，同时写入机器人移动、信号输入输出、调用/跳跃、偏移等指令，当切换开关旋转到自动时，再按下启动按钮，机器人可自动运行编写完成的作业程序。

（3）初始化界面功能。初始化界面如图4-45所示，共有6个功能（表4-4）。

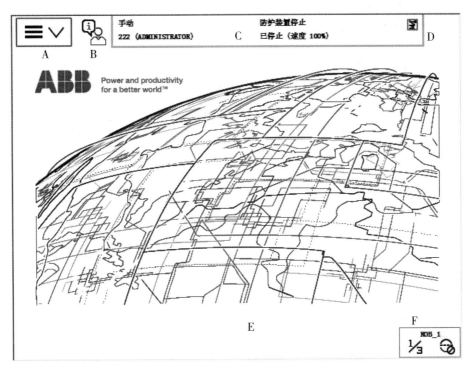

图4-45 初始化界面功能

表4-4 初始化界面功能

| | 选单功能 | 功能描述 |
|---|---|---|
| A | ABB菜单 | 单击ABB菜单后，可以对机器人进行手动操纵、编写程序，I/O操纵等 |
| B | 操作员窗口 | 操作员窗口显示来自机器人程序的消息。程序需要操作员做出某种响应以便继续工作时往往会出现此情况 |
| C | 状态栏 | 状态栏显示与系统状态有关的重要信息，如操作模式、电机开启/关闭、程序状态等 |
| D | 关闭按钮 | 单击"关闭"按钮将关闭当前打开的视图或应用程序 |
| E | 任务栏 | 通过ABB 菜单，可以打开多个视图，但一次只能操作一个。任务栏显示所有打开的视图，并可用于视图切换 |
| F | 快速设置菜单 | 快速设置菜单包含对微动控制和程序执行进行的设置 |

（4）示教编程器显示屏的主菜单。FlexPendant 上的ABB主菜单包括HotEdit、输入输出、手动操纵、程序编辑器、程序数据、自动生产窗口、备份与恢复、校准、控制面板、FlexPendant资源管理器、系统信息、事件日志等，如图4-46所示。

图4-46　示教编程器显示功能菜单

各功能中所包含的子功能详见表4-5。

表4-5　各功能中所包含的子功能

| 选单功能 | 功能描述 |
|---|---|
| HotEdit | 对编程位置进行调节的一项功能。HotEdit 仅用于已命名的 robtarget 类型位置的坐标和方向的调节 |
| 输入输出 | 监控机器人的输入/输出状态并进行仿真 |
| 手动操纵 | 在不同坐标系及工作状态下手动移动机器人 |
| 自动生产窗口 | 查看程序运行时的程序代码 |
| 程序编辑器 | 创建或修改程序 |
| 程序数据 | 包含用于查看和使用数据类型和实例的功能 |
| 注销 | 退出当前登录用户,改用其他用户名登录 |
| 备份与恢复 | 用于执行系统备份和恢复 |
| 校准 | 用于校准机器人系统中的机械装置 |
| 控制面板 | 包含自定义机器人系统和 FlexPendant 的功能 |
| 事件日志 | 操作机器人系统时,现场通常没有工作人员。为了方便故障排除,系统的记录功能会保存事件信息,并将其作为参考 |
| FlexPendant资源管理器 | 通过它可查看控制器上的文件系统,也可以重新命名、删除或移动文件和文件夹 |
| 系统信息 | 显示控制器及其所加载的与系统有关的信息 |
| 重新启动 | 重新启动系统 |

2.为图4-47中按键的图标选择合适的名称，完成连线

增量开关　　启动　　步进　　线性/重定位　　停止　　步退　　选择机械单元　　轴1~3/轴4~6

图4-47　示教编程器按键图标与名称连线

## 知识链接

（1）ABB示教编程器硬件按钮。

ABB示教编程器硬件按钮功能如图4-48、表4-6所示。

表4-6　ABB示教编程器硬件按钮功能

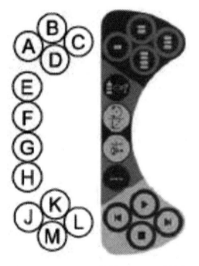

图4-48　ABB示教编程器硬件按钮功能

| A~D | 预设按键，1~4 |
|---|---|
| E | 选择机械单元 |
| F | 切换运动模式，重定向或线性 |
| G | 切换运动模式，轴1~3或轴4~6 |
| H | 切换增量 |
| J | Step BACKWARD（步退）按钮。按下此按钮，可使程序后退至上一条指令 |
| K | START（启动）按钮。开始执行程序 |
| L | Step FORWARD（步进）按钮。按下此按钮，可使程序前进至下一条指令 |
| M | STOP（停止）按钮。停止程序执行 |

（2）"快速设置"菜单图示。

QuickSet（快速设置）菜单提供了比使用Jogging（手动操作）视图更加快捷的方式以在各个微动属性之间切换。菜单上的每个按钮显示当前选择的属性值或设置。

在手动模式中，快速设置菜单按钮显示当前选择的机械单元、运动模式和增量大小，如图4-49、表4-7所示。

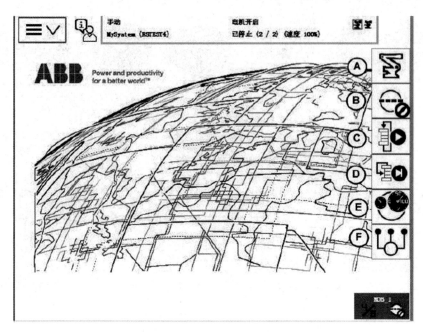

图4-49  "快速设置"菜单

表4-7  "快速设置"菜单功能描述

| 编号 | 名称 | 功能描述 |
|---|---|---|
| A | 机械单元 | 可以选中所需的机器人单元或外部设备 |
| B | 增量 | 分无增量、小增量、中增量、大增量、用户模块五种类型 |
| C | 运行模式 | 分单周（运行一次循环然后停止执行）和连续（运行）两种运行模式 |
| D | 单步模式 | 分步进入、步退出、跳过、下一移动指令四种步进模式 |
| E | 速度 | 可调整机器人程序在手动运行时的速度比例 |
| F | 任务 | 启用/停用正常任务 |

（3）速度控制。单击位于主面板右下方的"快速设置"菜单，选择"速度"（图4-50），可显示目前程序所使用的外部速度百分比。此外，菜单中还包含了一组常用的比例按钮：-1%、+1%、-5%、+5%、0%、25%、50%及100%。可以选择适当的速度比例来控制整体运行速度（包括手动运行及步进时的速度）。在手动全速模式下初始速度限制为最高可以达到但不超过250 mm/s，通过手动控制，可以将速度增加到最大100%。在手动减速模式下速度限制在250 mm/s以下。

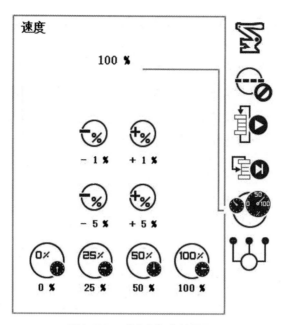

图4-50 "速度"菜单界面

**课堂互动**

1.当速度比例为0时，机器人手动运行或步进时的速度是怎样的？

2.当速度比例为0时，用操纵杆移动机器人的速度是怎样的？ 当速度比例为25%时呢？

（4）操纵杆的使用。我们可以将ABB机器人的操纵杆比作汽车的油门，操纵杆的扳动或旋转的幅度与机器人的速度有关。"机械单元"菜单下的灵敏度调节按钮如图4-51所示。

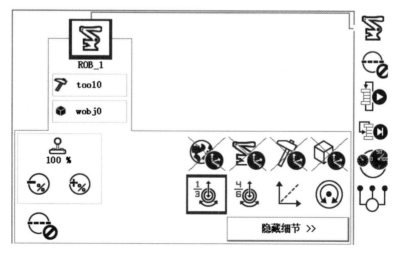

图4-51 "机械单元"菜单下的灵敏度调节按钮

1）扳动或旋转的幅度小，则机器人运行速度较慢。

2）扳动或旋转的幅度大，则机器人运行速度较块。

注意：在手动操作机器人时，尽量小幅度操纵操纵杆，使机器人在慢速状态下，如此运行可控性较高。在必要情况下，如对于初学者，可通过手动降低机械单元页面下的操纵杆灵敏度，达到同等力度下扳动或旋转操纵杆机器人手动运行速度降低的目的。

3.工业机器人启动后在轴坐标系下实现轴的简单运动

（1）机器人正常开启后，在示教模式下，使用示教编程器选择"手动操纵"菜单（图4-52）。

图4-52 "手动操纵"菜单界面

（2）双击选择"手动操纵"菜单下的"动作模式"为轴1—3。

（3）单击示教器屏幕右下角的"快速设置"菜单，选择右上角的"机械单元"，可以查看相关坐标信息（图4-53）。

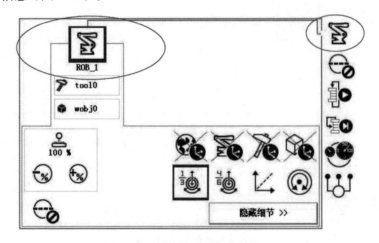

图4-53 "快速设置"菜单界面

（4）单击"增量"菜单，确认增量为无（图4-54）。

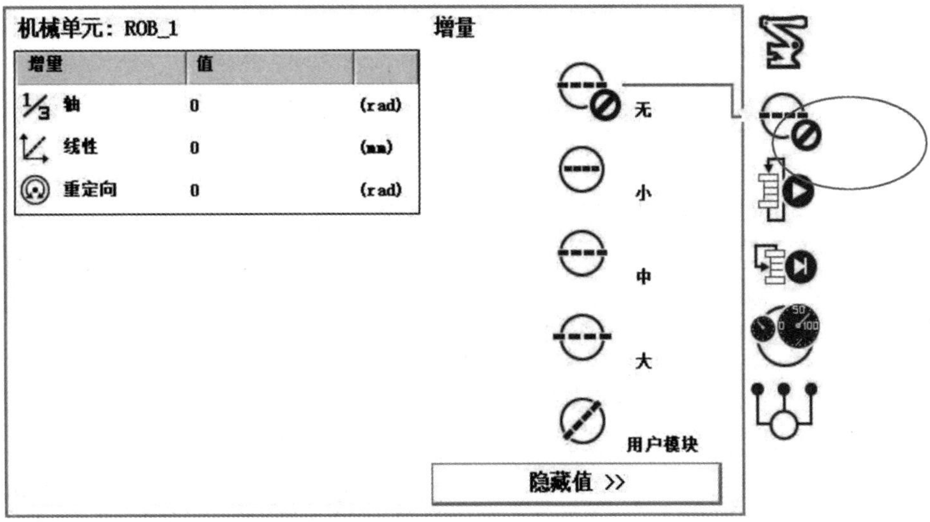

图4-54 "增量"菜单界面

（5）使用控制杆控制轴1~3运动。

（6）把"动作模式"切换为轴4~6，使用控制杆控制轴4~6运动。

注意：

1.在操作过程中，要一边操作一边注意机器人的前进方向，注意防止线缆、气管缠绕在机器人手腕上。

2.要注意不要碰坏周围的重要装置、工件。

3.机器人操作中，遇到突发情况必须马上松开或按紧使动装置。

4.按操作提示实现机器人的停止

（1）伺服电源的切断。在手动（示教）模式下，确认机器人已经手动回到安全位置，松开使动装置。

（2）主电源的切断。将按钮面板上的钥匙开关拨到OFF挡，再将工作站电源总开关关掉，主电源即被切断。

【知识讲解】

1.机器人的编程方式

机器人编程是为使机器人完成某种任务而设置的动作顺序的描述。机器人运动和作业的指令都由程序进行控制，常见的编程方法有两种：示教编程方法和离线编程方法。其中示教编程方法包括示教、编辑和轨迹再现，可以通过示教器示教和导引式示教两种途径实现。由于示教方式实用性强，操作简便，大部分机器人都采用这种方式。离线编程方法是利用计算机图形学成果，借助图形处理工具建立几何模型，通过一些规划算法来获取作业规划轨迹。与示教编程不同，离线编程不与机器人发生关系，在编程过程中机器人可以照常工作。工业上离线工具只作为一种辅助手段，未得到广泛的应用。示教编程与离线编程的比较见表4-8。

表4-8　示教编程与离线编程的比较

| 示教编程 | 离线编程 |
| --- | --- |
| 需要实际的机器人系统和工作环境 | 可以选中所需的机器人单元或外部设备 |
| 编程时机器人停止工作 | 分无增量、小增量、中增量、大增量、用户模块五种类型 |
| 在编程系统上试验程序 | 分单周（运行一次循环然后停止执行）和连续（运行）两种运行模式 |
| 编程的质量取决于编程者的经验 | 分步进入、步退出、跳过、下一移动指令四种步进模式 |
| 难以实现复杂的机器人运动轨迹 | 需要机器人系统和工作环境的图形模型 |

2.触摸屏的校准

当示教器经过长时间使用后，如果触摸屏无法正常响应按键，就需要重新校准屏幕。具体操作如下：

（1）单击"ABB菜单"，选择"控制面板"（图4-55）。

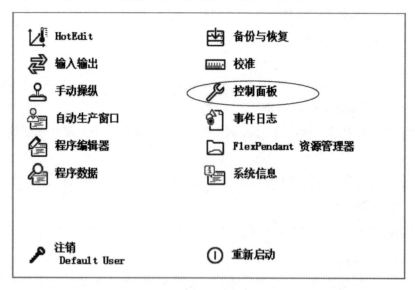

图4-55　选择"控制面板"

（2）进入"控制面板"页面，选择"触摸屏 校准触摸屏"（图4-56）。

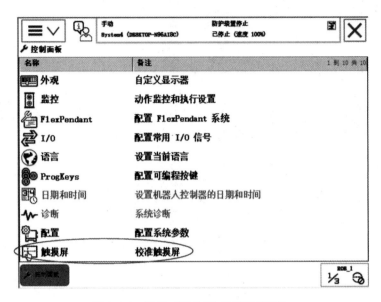

图4-56 选择"触摸屏 校准触摸屏"

（3）单击"控制面板-触摸屏"页面下的"重校"（图4-57）。

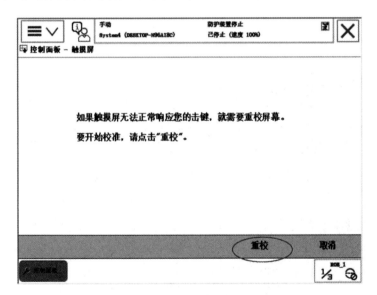

图4-57 重校

（4）根据示教器屏幕上出现的提示依次点击相应的箭头位置，点击"完成"按钮后示教器屏幕上会出现相应的"√"提示，如图4-58所示。

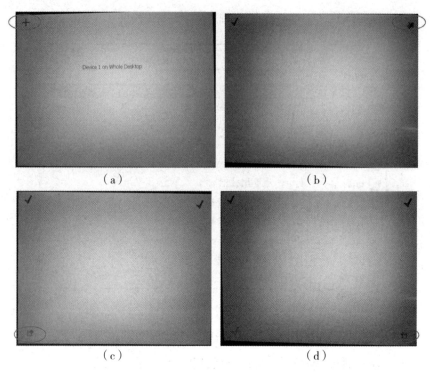

（a）　　　　　　　　　　（b）

（c）　　　　　　　　　　（d）

图4-58　示教器屏幕

（5）示教器屏幕的四个角度都点中后，根据提示单击示教器屏幕上方的"Confirm"按钮，完成触摸屏的校准（图4-59）。

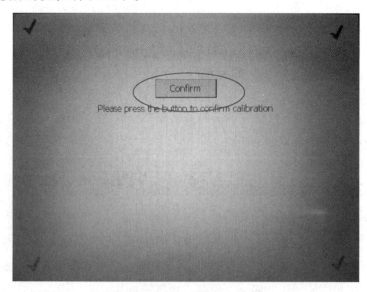

图4-59　单击"Confirm"

3.更改系统语言

（1）打开软件后单击"控制器"选项卡，然后单击选项卡下的"示教器"功能（图

4-60、图4-61）。

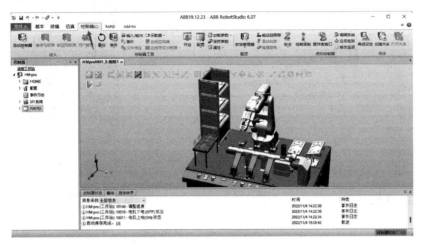

图4-60　单击"控制器"

图4-61　点击"示教器"

（2）打开示教器后，示教器默认的是自动模式，首先单击示教器虚拟手柄左侧的矩形方块，再单击中间的圆圈，切换成手动模式，如图4-62、图4-63所示。

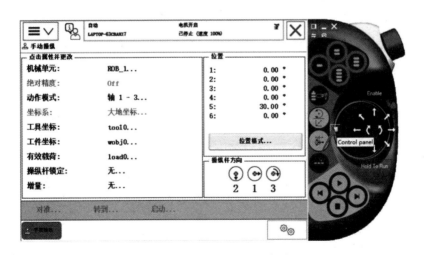

图4-62　切换成手动模式（1）

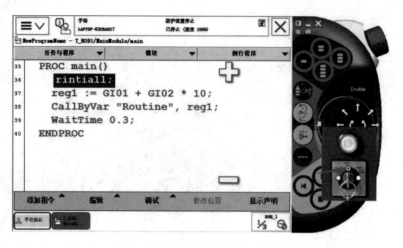

图4-63 切换成手动模式（2）

（3）切换为手动后，单击示教器左上方的ABB菜单，再单击菜单下的"控制面板"（图4-64）。

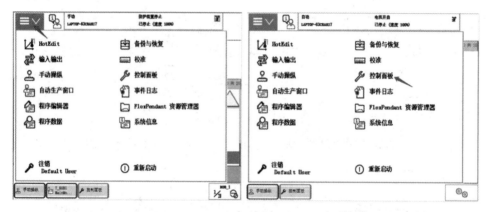

图4-64 单击ABB菜单，再单击"控制面板"

（4）在控制面板功能下，单击控制面板下的"语言"选项，选择需要的语言（图4-65）。

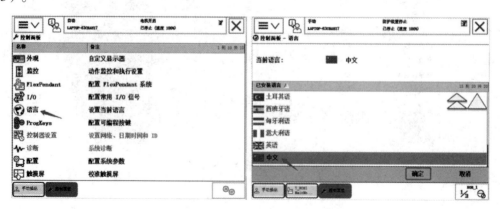

图4-65 选择需要的语言

4.RobotStudio数据类型及查看修改

（1）RobotStudio程序数据。数据存储并描述了机器人控制器内部的各项属性，ABB机器人控制器数据类型达100多种，其中常见的数据类型如表4-9所示。

表4-9 常见数据类型

| | 类型 | 定义 |
|---|---|---|
| 基本数据 | byte | 字节值：取值范围0~255 |
| | bool | 逻辑值：取值为true或者false |
| | num | 数值，可以存储整数或小数，整数取值范围-8 388 607~8 388 608 |
| | dnum | 双数值，可以存储整数或小数，整数取值范围-4503599627370495~4503599627370496 |
| | string | 字符串，最多80个字符 |
| | stringdig | 只含数字的字符串，可处理不大于4294967295的正整数 |
| I/O数据 | dionum | 数字值：取值为0或1，用于处理数字I/O信号 |
| | signaldi | 数字量输入信号 |
| | signaldo | 数字量输出信号 |
| | signalgi | 数字量输入信号组 |
| | signalgo | 数字量输出信号组 |
| | signalai | 模拟量输入信号 |
| | signalao | 模拟量输出信号 |
| 运动相关数据 | robtarget | 位置数据：定义机械臂和附加轴的位置 |
| | robjoint | 关节数据:定义机械臂各关节的位置 |
| | speeddata | 速度数据:定义机械臂和外轴移动速率，包含4个参数：<br>v_tcp表示工具中心点速率，单位°/s；<br>v_ori表示TCP重定位速率，单位mm/s；<br>v_leax表示线性外轴的速率，单位mmls；<br>v_reax表示旋转外轴速率，单位°/s |
| | zonedata | 区域数据：一般也称为转弯半径，用于定义机器人轴在朝向下一个移动位置前如何接近编程位置 |
| | tooldata | 工具数据：用于定义工具的特征，包含工具中心点的位置和方位，以及工具的负载 |
| | wobjdata | 工件数据：用于定义工件的位置及状态 |
| | loaddata | 负载数据：用于定义机械臂安装界面的负载 |

　　1）在程序数据界面中可以查看并操作所有数据。单击"主菜单"下的"程序数据"，进入程序数据界面，如图4-66所示。程序数据界面默认显示已用的数据类型，通过单击"视图"界面（图4-67）可以在已用数据类型和全部数据类型间进行切换操作。

图4-66　"程序数据"界面

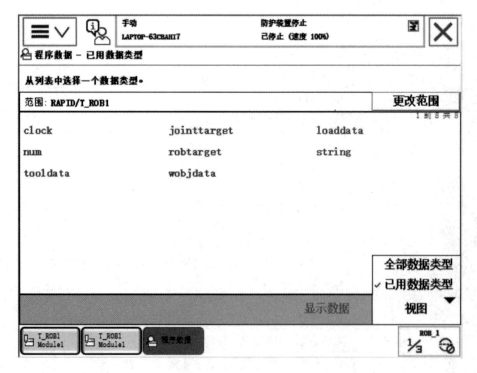

图4-67　"视图"界面

2）以运动数据中的Jointtarget位置数据为例，用ABB示教器查看运动目标位置数据。单击到据类型后，单击"Jointtarget"数据类型，单击"显示数据"（图4-68）。

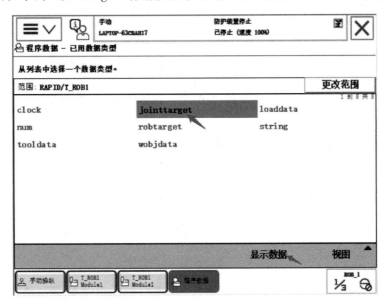

图4-68 单击"显示数据"

3）单击"显示数据"进入后可以看到Phome点位和点位数据（图4-69）。

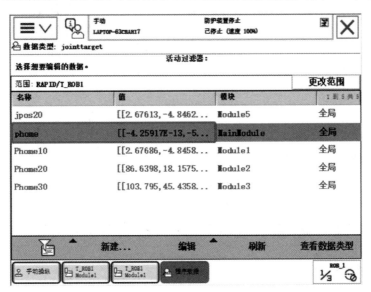

图4-69 Phome点位和点位数据

4）可单击"编辑"按钮下的"修改位置"功能修改Phome点的点位（图4-70）。

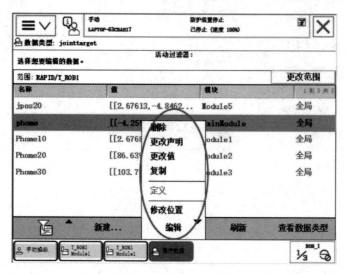

图4-70　修改Phome点的点位

（2）RobotStudio数据存储类型。ABB机器人数据存储类型分为3种，如表4-10所示。

表4-10　3种数据存储类型

| 序号 | 存储类型 | 说明 |
| --- | --- | --- |
| 1 | CONST | 常量：数据在定义时已被赋予了数值，并不能在程序中进行修改，除非手动修改 |
| 2 | VAR | 变量：数据在程序执行的过程中和停止时会保持当前的值。但如果程序指针被移到主程序后或机器人断电，数据就会丢失 |
| 3 | PERS | 可变量：无论程序的指针如何，数据都会保持最后赋予的值。在机器人执行的RAPID程序中也可以对可变量存储类型数据进行赋值操作。在程序执行以后，赋值的结果会一直保持，直到对其进行重新赋值。机器人断电，数据不会丢失 |

5.示教编程器主页各菜单功能

示教编程器主页各菜单功能见表4-11。

表4-11　示教编程器各选单键功能

| 主选单 | 选单功能 | 功能描述 |
| --- | --- | --- |
| HotEdit | 预设目标 | 在树形视图中列出所有已命名的位置 |
| | 选定目标 | 列出所有选定的位置及其当前偏移值 |
| | 文件 | 保存和加载要调节的位置选择 |
| | 基准 | 用于应用或拒绝基准的新偏移值，基准通常被视为位置的原始值 |
| | 调节目标 | 显示调节设置：坐标系、调节模式和调节增量 |
| | 应用 | 单击应用以使调节目标视图中的设置生效 |

| 主选单 | 选单功能 | 功能描述 |
|---|---|---|
| 输入输出 | / | 监控输入输出信号，仿真输出信号 |
| 手动操纵 | 机械装置 | 选择手动操纵的机械单元 |
| | 绝对精度 | 默认关闭 |
| | 动作模式 | 选择动作模式 |
| | 坐标系 | 选择坐标系 |
| | 工具 | 选择工具 |
| | 工件坐标 | 选择工件坐标 |
| | 有效载荷 | 选择有效载荷 |
| | 控制杆锁定 | 选择控制杆锁定 |
| | 增量 | 选择动作增量 |
| | 位置 | 参照选定的坐标系选定轴位置 |
| | 位置格式 | 选择位置格式 |
| | 控制杆方向 | 显示当前控制杆方向，取决于动作模式的设置 |
| | 对准 | 将当前工具对准坐标系 |
| | 转到 | 将机器人移至选定位置/目标 |
| | 启动 | 启动机械单元 |
| 自动生产窗口 | 加载程序 | 加载新程序 |
| | PP To Main | 将程序指针PP移至例行程序Main |
| 程序编程器 | 调试 | 仅在手动模式下使用，显示调试菜单 |
| | 任务与程序 | 程序操作菜单 |
| | 模块 | 列出所有模块 |
| | 例行程序 | 列出所有例行程序 |
| | 添加指令 | 打开指令菜单 |
| | 编辑 | 打开编辑菜单 |
| | 调试 | 打开调试菜单 |
| | 修改位置 | 将当前光标所在点位数据修改成当前机器人数据 |
| | 隐藏/显示声明 | 隐藏/显示程序代码 |
| 程序数据 | 更改范围 | 更改列表中数据类型范围 |
| | 显示数据 | 显示所选数据类型的实例 |
| | 查看 | 显示所有或已使用的数据类型 |

| 主选单 | 选单功能 | | 功能描述 |
|---|---|---|---|
| 备份与恢复 | 备份当前系统 | | |
| | 恢复系统 | | 若出现故障或数据被改动，则需要恢复系统 |
| 校准 | 机械单元 | 转数计数器 | 更新转数计数器 |
| | | 校准参数 | 校准电机参数、校准电机参数偏移、微校 |
| | | SMB 内存 | 显示状态、更新、高级 |
| | | 基座 | 4点XZ |
| 控制面板 | 外观 | | 自定义屏幕亮度 |
| | 监控 | | 动作监控设置和执行设置 |
| | FlexPendant | | 操作模式切换和用户授权系统（UAS）视图配置 |
| | I/O | | 常用I/O列表的设置 |
| | 语言 | | 机器人控制器当前语言的设置 |
| | 预设按键 | | FlexPendant上四个可编程按钮的设置 |
| | 日期和时间 | | 机器人控制器的日期和时间设置 |
| | 配置 | | 系统参数配置 |
| | 触摸屏 | | 触摸屏重新校准设置 |
| FlexPendant 资源管理 | 简单视图 | | 单击后可在文件窗口中隐藏文件类型 |
| | 详细视图 | | 单击后可在文件窗口中显示文件类型 |
| | 路径 C:\ | | 显示文件夹路径 |
| | 菜单 | | 电机显示文件处理的功能 |
| | 新建文件夹 | | 单击可在当前文件夹中创建新文件夹 |
| | 向上一级 | | 单击进入上一级文件夹 |
| | 刷新 | | 单击以刷新文件和文件夹 |
| 锁定屏幕 | / | | 锁定屏幕后，无法对屏幕进行操作，主要用于清洁屏幕 |
| 事件日志 | 查看消息 | | 单击该消息，可查看该消息的详细信息 |
| | 滚动或缩放消息 | | 查看早期的消息，或放大/缩小屏幕 |
| | 删除日志 | | 删除日志 |
| | 保存日志 | | 保存日志 |
| | | 关闭日志 | 关闭日志 |

续表

| 主选单 | 选单功能 | | 功能描述 |
|---|---|---|---|
| 系统信息 | 控制器属性 | 网络连接 | 服务端口和局域网属性 |
| | | 已安装的系统 | 已安装系统的列表 |
| | 系统属性 | 控制模块 | Control Module 的名称和密匙 |
| | | 选项 | 已安装的 RobotWare 选项与语言 |
| | | 驱动模块 | 列出所有的 Drive Modules |
| | | 驱动模块x | Drive Module x 的名称和密匙 |
| | | 选项 | Drive Module x 选项，包含机器人型号等信息 |
| | | 附加选项 | 任何 RobotWare 选项和处理程序选项 |
| | 硬件设备 | 控制器 | Control Module 的名称和密匙 |
| | | 计算机系统 | 包含主机的信息 |
| | | 电源系统 | 包含电源单元的信息 |
| | | 面板 | 提供有关面板软硬件的信息 |
| | | 驱动模块x | 包含与轴计算器，驱动单元和接触器电路板有关的信息 |
| | | 机械单元 | 列出了与控制器相连的机器人或外轴的数据 |
| | 软件资源 | System | 包含有关开机实际与内存的信息 |
| | | RAPID | 控制器所使用的软件 |
| | | RAPID内存 | 为RAPID程序分配的内存 |
| | | RAPID性能 | 显示执行负载 |
| | | 连接 | 包含有关嵌入式远程服务的信息 |

6.其他品牌示教器

（1）KUKA库卡机器人KCP4示教器。 KUKA示教器实物如图4-71所示。

图4-71　KUKA示教器实物

KUKA库卡机器人KCP4示教器结构功能如图4-72、图4-73所示。

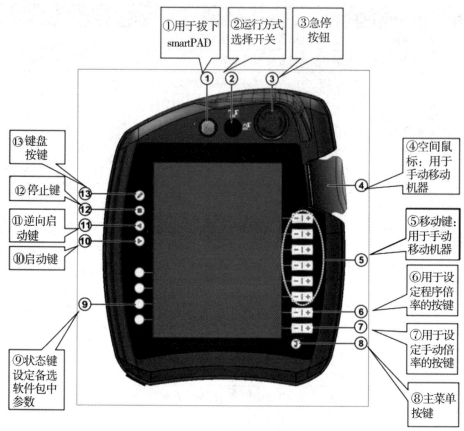

图4-72　KUKA库卡机器人KCP4示教器正面

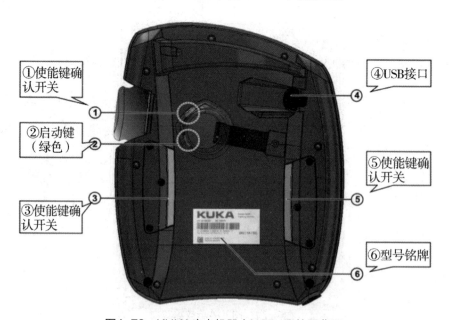

图4-73　KUKA库卡机器人KCP4示教器背面

（2）Fanuc机器人示教器（图4-74）。

正面 背面

图4-74 Fanuc 示教器实物图

Fanuc机器人示教器结构功能如图4-75所示。

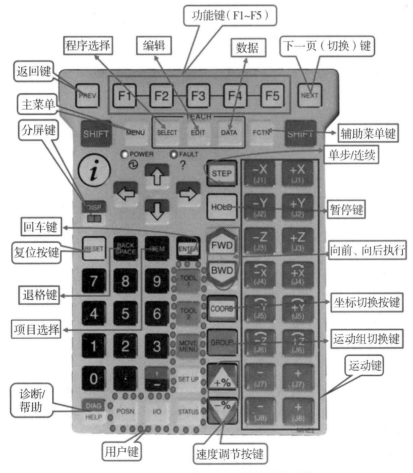

图4-75 Fanuc 机器人示教器结构功能

（3）Nachi 机器人示教器。Nachi 机器人示教器如图4-76所示，各部分名称及说明见表4-12。

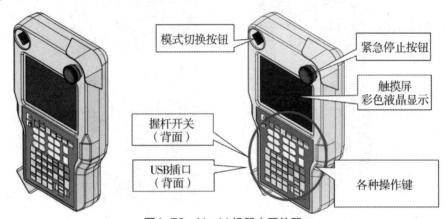

图4-76　Nachi 机器人示教器

表4-12　各部分名称及说明

| 编号 | 名称 | 说明 |
|---|---|---|
| 1 | TP选择开关 | 与CFD控制装置的［模式切换开关］组合使用 |
| 2 | 触摸屏彩色LCD | 触摸式彩色LCD |
| 3 | （背面）启动开关 | 在"示教模式"中执行伺服ON时使用 |
| 4 | 紧急停止按钮 | 按下此按钮可强行停止机器人。在CFD控制装置上配备有同样按钮 |
| 5 | （背面）USB端口 | 装入USB储存器。<br>（注意）用于复制整个文件。不能用于备份操作 |
| 6 | 操作键 | 用于机器人的手动操作和各种设定 |

Nachi机器人示教器结构功能如图4-77所示。

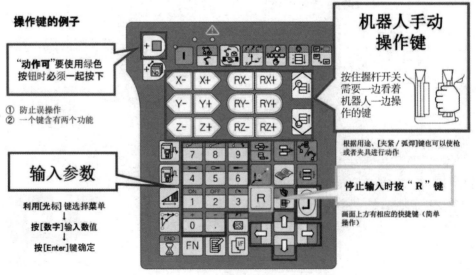

图4-77　Nachi 机器人示教器结构功能

（4）富士康示教器。示教器结构如图4-78所示，其按键说明见表4-13。

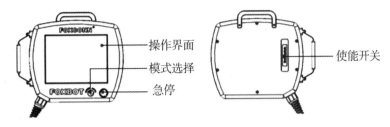

图 4-78 示教器结构

表 4-13 示教器按键说明

| 按键 | 功能 | 说明 |
|---|---|---|
| | 紧急停止 EMG | 紧急情况下，按此按钮，机器人会立即停止 |
| | 使能开关 Liveman Switch | 手动模式下，只有使能开关被按下，机器人才能运动，一旦松开，机器人会立即停止运动 |
| | 工作模式切换 Mode Swith | 手动、自动模式切换 |

在示教编程器操作面板上有一个模式切换开关，只有这个模式切换开关旋转到位时才可以实现手动或自动模式切换功能，如图4-79所示。示教（编程）操作员把想要让机器人做的事情（作业程序）录入机器人中，同时写入机器人移动、信号开关、调用/跳跃、焊接等命令，当切换开关旋转到自动时，机器人可自动运行编写完成的作业程序。

图 4-79 示教编程器模式切换开关

## 知识链接

（1）富士康示教编程器显示屏的主面板。FoxBot Re mote Console 主面板包括了功能选单、手动示教界面、程序编辑器、点位数据库、编辑/除错工具列、速度及坐标显示、状态栏、系统面板等，如图4-80所示。

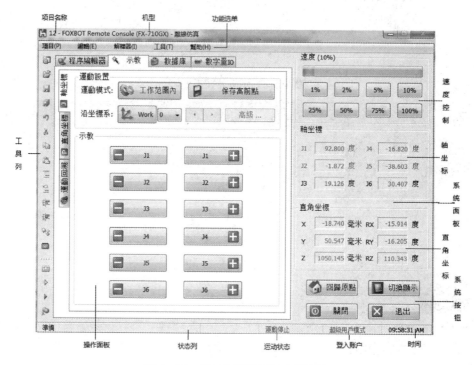

图 4-80　示教编程器显示功能选单

功能选单包含了所有操作上的必要功能，可分为五大类：项目、编辑、解释器、工具及帮助。其中所包含的各项子功能如表4-14所示。

表4-14　示教编程器各选单键功能

| 主选单 | 选单功能 | | 功能描述 |
|---|---|---|---|
| 项目/Project | 新建/New | | 新建项目（*.fxp） |
| | 打开/Open | | 载入项目（*.fxp） |
| | 保存/Save | | 储存 |
| | 保存所有文件/Save all | | 全部储存 |
| | 项目另存为…/Save Project as | | 将项目另存为 |
| | 添加/Add | 新脚本文件/New script | 新建脚本文件（*.pac） |
| | | 已存在的脚本文件/Existing Script | 载入已存在的脚本文件（*.pac） |
| | 最近项目/Recent Projects | | 载入最近开启的项目 |
| | 关闭/Close | | 关闭项目 |

续表

| 主选单 | 选单功能 | | 功能描述 |
|---|---|---|---|
| 编辑/Edit | 撤销/Undo | | 取消上一步动作 |
| | 剪切/Cut | | 将选定的内容剪下并复制到剪贴簿 |
| | 复制/Copy | | 将选定的内容复制到剪贴簿 |
| | 粘贴/Paste | | 将剪贴簿中的内容复制到光标处 |
| | 删除/Delete | | 删除选定的内容 |
| | 全选/Select All | | 选择全部 |
| | 查找/Find | | 搜寻内容 |
| | 替换/Replace | | 搜寻并替换内容 |
| | 注释/Comment Selection | | 注释光标所在行位文字 |
| | 取消注释/Uncomment Selection | | 取消注释光标所在行位文字 |
| | 增加缩进/Increase Indent | | 增加缩进 |
| | 减少缩进/Decrease Indent | | 减少缩进 |
| 解释器/Interpreter | 编译/Build | | 编译 |
| | 运行/Run | | 运行 |
| | 调试/Debug | 开始/Start | 开始 |
| | | 停止运动/Break All | 暂停 |
| | | 停止调试/Stop Debugging | 终止调试 |
| | | 重新开始/Restart | 重新开始 |
| | | 单步进入函数体/Step Into | 单步除错, 若遇子程序 (sub) 则进入 |
| | | 单步跳过函数体/Step over | 单步除错, 若遇子程序 (sub) 则直接执行返回 |
| | | 单步跳出函数体/Step out | 跳出子程序 (sub) |
| | | 运行到光标处/Run to cursor | 执行到光标所在行处 |
| | | 删除所有断点/Delete All Breakpoints | 删除所有中断点 |
| 工具/Tools | 校正/Calibration | | 原点校正 |
| | 手动刹车/Manual Braking | | 手动刹车 |
| | 本体参数/Body PaRameter Viewer | | 机器人参数设定 |
| | 用户管理/User Management | | 使用者管理 |
| | 通信配置/Communication | | 通信设定 |
| | 指令向导/Command Wizard | | 指令编辑器 |
| | 小键盘/On-Screen Keyboard | | 小键盘 |
| | 历史日志/History Log | | 历史日志 |
| | 选项/Options | | 选项 |
| 帮助/Help | 指令手册/Instruction Guide | | 线上指令说明 |
| | 关于FoxBot Remote Console 4.1.3/ About FoxBot Remote Console 4.0 | | 关于本软体咨询 |

（2）工具列。工具列位于主面板左侧，会依照运行模式的不同而有所变化，主要分为一般工具列与除错工具列两种，如图4-81所示。

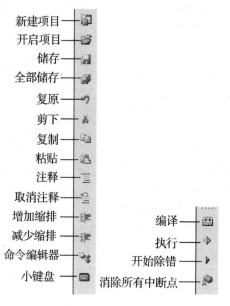

图4-81　工具列

（3）系统面板。系统面板位于主面板右方，共有坐标显示、姿态显示、绝对编码器数值及小键盘四种面板，可由"切换显示/Panel"按钮依序循环切换。如果需要输入文字，可按下工具列的小键盘图标来直接切换至小键盘文字输入界面，如图4-82所示。

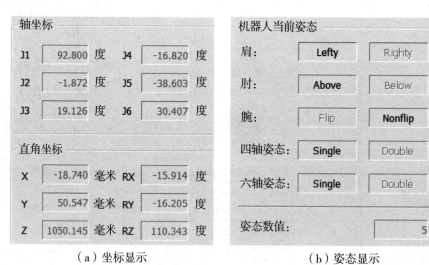

（a）坐标显示　　　　　　　　　（b）姿态显示

图4-82　系统界面

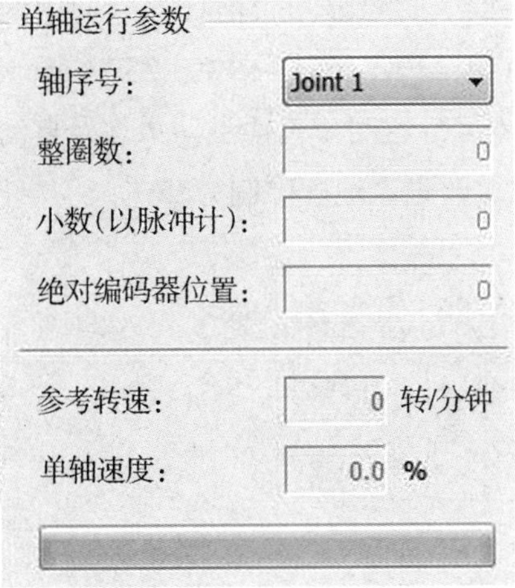

（c）绝对编码器数值（含参考转速）　　　　（d）标准键盘

图4-82　系统界面（续）

此外，针对小键盘的操作有以下进一步的说明：

如果需要输入大写或其他符号，可单击"Shift"键来切换键盘面板。

在操作数据库项目时，用户可使用"Shift"键+项目1+项目2来选取项目1至项目2中间的所有项目。如果只需要单独选取项目1及项目2，则将"Shift"键换成"Ctrl"键即可。

若输入的项目为数字时，标准键盘会自动切换成数字键盘"Keypad"以便输入。按下工具列上的小键盘图标可在标准键盘及数字键盘间来回切换，如图4-83所示。

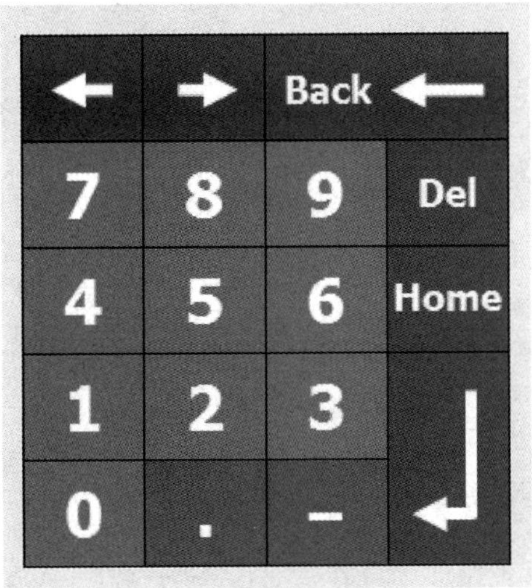

（a）数字键盘 　　　　　　　　　（b）标准键盘

图4-83　小键盘切换界面

（4）速度控制。位于主面板右上方（图4-84），可显示目前程序所使用的外部速度百分比。此外还包含了一组常用的比例按钮：1%、2%、5%、10%、25%、50%、75%及100%。用户可以选择适当的速度比例来控制整体运行速度（包括手动示教及自动运行时的速度）。除自动运行外，其他操作（含手动示教）时最大速度限制为25%。

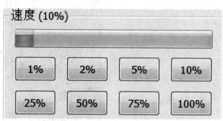

图4-84 速度比例界面

（5）系统按钮。系统按钮位于面板右下方（图4-85），共有以下四个按钮：

【初始化 Initialize/关闭 Close】启动/关闭伺服系统：单击此按钮可选择启动或者关闭释放机器人的伺服抱闸装置。

【回归原点/Ho me】原点回归：单击此按钮可快速回到预设的原点位置。

【切换显示/Panel】系统面板切换：单击此按钮可使系统面板界面在坐标显示、姿态显示、绝对编码器数值及小键盘四种面板中快速切换显示。

【退出/Exit】离开程式：单击此按钮可关闭当前编辑程序软件，到系统菜单界面。

其中原点回归的预设位置为J1=J2=J3=J4=J5=J6=0°。可以在数据库里设定其他的原点位置。在单击【回归原点/Ho me】之后，机器人会以点对点的方式运行至原点（外部最大速度限制为10%）。预设状态下无须按下使能开关即可立即执行，如果中途需要停止，按一下示教器上的使能开关即可。另外，如果想在执行原点回归前检查使能开关是否已按下，并且在执行时必须让使能开关保持按下状态，直到回到原点或中途松开停止，可在【工具/Tools>选项/Options>杂项/ miscellaneous】对话框中勾选第一项。

图4-85 系统按钮

【应用训练】

请改变增量的大、中、小，在手动示教模式下，确认机器人的移动速度。

**主题讨论**

1.工业机器人的正确开、关机顺序是什么？

2.示教器触摸屏能实现哪些按键功能？举几个例子。

3.不同品牌的工业机器人的示教编程器是否可以替换？为什么？

【课后习题】

## 一、选择题

1.示教器的作用有（　　　）。

①单步移动机器人

②编写机器人程序

③示教试运行机器人程序

④查看、编辑机器人的工作状态（输入输出、程序数据等）

⑤配置机器人参数（输入输出信号、可编程按键等）

A.①②③⑤　　　　　B.②③④⑤　　　　　C.①③④⑤　　　　　D.①②③④⑤

2.机器人手动运行过程中，如果使动装置松开，则（　　　）。

A.伺服电机电源断开，机器人继续动作

B.伺服电机电源依旧联通，机器人继续动作

C.伺服电机电源依旧联通，机器人动作停止

D.伺服电机电源断开，机器人动作停止

3.快速设置菜单可以设置的有（　　　）。

①机械单元

②增量

③运行模式

④手动运行程序的速度

⑤备份与恢复

A.①③④⑤　　　　　B.①②③⑤　　　　　C.①②③④　　　　　D.②③④⑤

## 二、填空题

1.示教器是进行机器人的_____、_____、_____以及_____用的

手持装置。

2.ABB公司的机器人控制器由一个＿＿＿＿＿＿模块和一个＿＿＿＿＿＿模块组成。

3.在手动全速模式下初始速度限制最高可以达到但不超过＿＿＿＿＿＿，通过手动控制，可以将速度增加到最大＿＿＿＿＿＿。手动减速模式下速度限制在＿＿＿＿＿＿以下。

4.切断主电源时，先将按钮面板上的钥匙开关拨到＿＿＿＿＿＿档，再将工作站电源总开关关掉，主电源被切断。

5.示教编程方法包括示教、编辑和轨迹再现，可以通过＿＿＿＿＿＿示教和＿＿＿＿＿＿式示教两种途径实现。

## 三、判断题

1.使用示教器时，左手四根手指穿过示教器背部的防滑带，握住使动装置，右手拿着触摸笔即可在示教器屏幕上操作。（　　　）

2.在手动操作机器人时，尽量小幅度操纵操纵杆，使机器人在慢速状态下运行，可控性较高。（　　　）

3.可通过手动降低机械单元页面下的操纵杆灵敏度，达到同等力度下扳动或旋转操纵杆机器人手动运行速度降低的目的。（　　　）

4.扳动或旋转的幅度大则机器人运行速度较慢。（　　　）

5.机器人在手动（示教）模式下，确认机器人已经手动回到安全位置，松开使动装置。（　　　）

## 四、简答题

1.自动模式下为什么不需要按下使动装置？自动模式是如何给机器人上电的？

2.自动模式下为什么要同时按下两个启动键？其作用是什么？

3.自动模式下为什么需要选择拨码开关？

4.示教编程方法和离线编程方法的区别是什么？分别有什么特点？

5.不同品牌的工业机器人的示教编程器是否可以替换？为什么？

## 五、实践题

深入查找Nachi、Fanuc、Kuka等其他机器人公司的任一款示教编程器，了解其按键功能，制作汇报PPT并向其他同学讲解介绍。如果其他学生对其有疑问，由该同学进行释疑。

# 任务五　认识工业机器人坐标系

## 【任务描述】

启动工业机器人，切换坐标系，分别在轴坐标系、基坐标系、工具坐标系下观察并记录机器人的运动情况。

## 【学习目标】

1.能正确启动、停止工业机器人。

2.掌握不同坐标系的差异及运用场景。

3.能在不同坐标系下正确操作工业机器人。

## 【引导操作】

### 学习活动一：认识工业机器人的轴坐标系

1.工业机器人通电前安全操作检查

（1）空气、保护气体等是否连接正确，且在规定的安全值范围内。

（2）是否已采用安全防护措施，非操作人员全部在安全围栏之外。

（3）机器人位姿是否已调整回初始位置，如果不是，开机后先将其调整回初始位置。

2.按照下面的操作步骤启动工业机器人（图5-1）

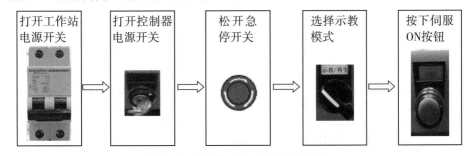

图5-1　示教模式下启动工业机器人

注意：

机器人启动通电后要进行以下检查：

1.急停、安全停机电路及装置有效。

2.机器人能按预定的操作系统命令进行运动。

3.安全防护装置和联锁的功能正常，其他防护装置（如栅栏、警示）就位。

**课堂互动**

1.机器人教学平台上的急停按钮有几个？

2.选择示教模式该怎么操作？在示教器屏幕上出现什么提示时表示操作到位了？

3.使动装置的使用有什么操作要点？

3.单击示教器左上角的 ≡∨ ，选中下拉菜单中的 🕹 **手动操纵**，利用示教器 🔄 键选择轴坐标。继续单击 🔄 ，可使其动作轴在图示1、2、3轴和4、5、6轴之间切换，当前动作轴类型可在图5-2、图5-3右下角看到。

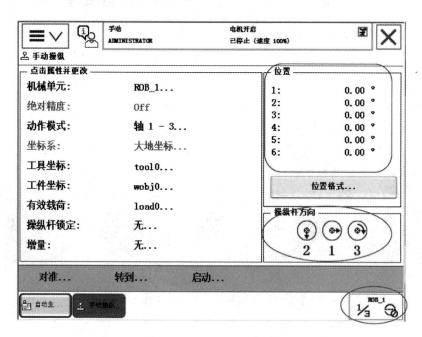

图5-2　当前动作轴（1）

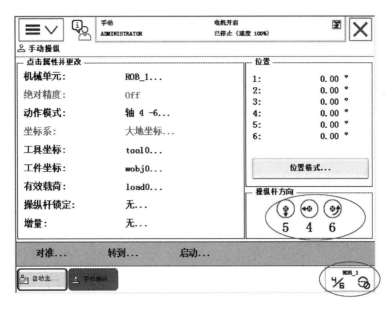

图5-3 当前动作轴（2）

## 课堂互动

1.每按一下 ![键图标] 键，示教器右下角的坐标显示区域中可以看到的轴有哪一些？

2.各个轴的控制杆方向是怎么样的？

4.在轴坐标系下操作工业机器人运动，每次通过控制杆操作机器人运动时观察工业机器人的运动情况。在动作一列中可选填"旋转动作"或"俯仰动作"。轴坐标系的轴操作见表5-1。

表5-1 轴坐标系的轴操作

| 轴名称 | | 控制杆操作 | 动作 |
|---|---|---|---|
| 基本轴 | 1轴 | 左右摇摆 | |
| | 2轴 | 上下摇摆 | |
| | 3轴 | 顺逆时针方向旋转 | |
| 腕部轴 | 4轴 | 左右摇摆 | |
| | 5轴 | 上下摇摆 | |
| | 6轴 | 顺逆时针方向旋转 | |

5.在轴坐标系下操作工业机器人运动，每次通过控制杆操作机器人运动，观察工业机器人的运动情况并在图5-4上标出对应轴的运动方向。

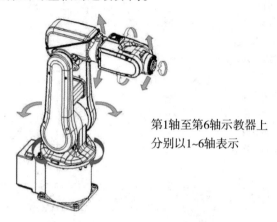

第1轴至第6轴示教器上
分别以1~6轴表示

图5-4　机器人6个轴的运动情况

**课堂互动**

1.哪几个轴（关节）运动的正方向是沿着逆时针方向旋转、负方向是沿着顺时针方向旋转的？

2.哪几个轴（关节）运动的正方向是向下低头、负方向是向上抬头？

**知识链接**

（1）工业机器人的轴坐标系。ABB机器人轴坐标系（也称关节坐标系）如图5-5所示。

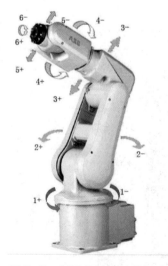

图5-5　ABB机器人轴坐标系

在轴坐标系中，机器人各个轴可单独动作。对运动范围大且不要求机器人末端姿态的情况，建议选用轴坐标系。轴坐标系的轴操作见表5-2。

表5-2 轴坐标系的轴操作

| 轴名称 | | 控制杆操作 | | 动作 |
|---|---|---|---|---|
| 基本轴 | 1轴 | | 左右摇摆 | 本体左右旋转动作 |
| | 2轴 | | 上下摇摆 | 下臂前后俯仰动作 |
| | 3轴 | | 顺逆时针方向旋转 | 上臂上下俯仰运动 |
| 腕部轴 | 4轴 | | 左右摇摆 | 手腕旋转动作 |
| | 5轴 | | 上下摇摆 | 手腕上下俯仰运动 |
| | 6轴 | | 顺逆时针方向旋转 | 手腕旋转动作 |

（2）轴坐标系的特点。如图5-6所示，ABB工业机器人在轴坐标系（关节坐标系）下，每个轴的旋转方向均符合右手螺旋定则。右手螺旋定则指的是在笛卡儿坐标系的基础上，以大拇指方向为轴的正方向，则四指的弯曲方向为轴转动的正方向。

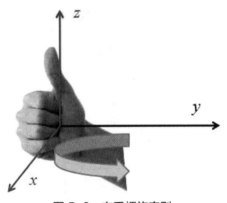

图 5-6 右手螺旋定则

注意

记忆小窍门：

每个轴的旋转方向都符合右手螺旋定则，1轴的旋转方向是绕着笛卡儿坐标系的 $z$ 轴旋转；2轴、3轴和5轴的旋转方向是绕着笛卡儿坐标系的 $y$ 轴旋转；4轴和6轴的旋转方向是绕着笛卡儿坐标系的 $x$ 轴旋转。

举一反三：

（1）请每个小组派出一名学生代表，与ABB机器人面对面站在操作平台前，用右手螺旋定则向全班同学展示机器人6个轴的运动情况及正负方向。

（2）在轴坐标下操作机器人进行比赛，看哪个小组能以最快的速度把机器人手爪吸盘移动到指定位置。

## 学习活动二：认识工业机器人的基坐标系

1.利用示教器 键选择基坐标，继续单击 ，可使其动作模式在线性（直线移动）和重定位（旋转运动）之间切换，当前动作模式轴操作界面如图5-7、图5-8右下角所示。

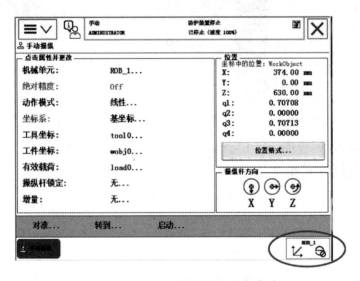

图 5-7　当前动作模式轴操作界面（1）

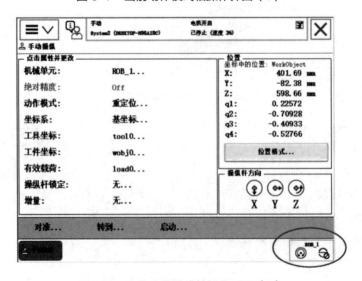

图 5-8　当前动作模式轴操作界面（2）

2.单击示教器屏幕右下角图标后，选择跳出图示的图标，然后显示如图5-9所示内容。单击"显示详情"，出现如图5-10所示对话框，选中其中的"基坐标"，然后关闭对话框即可。在初始设定（落地式安装）中，基坐标系和大地坐标系一致。

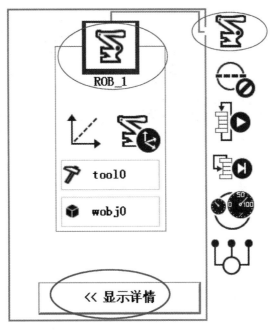

图 5-9　单击"显示详情"

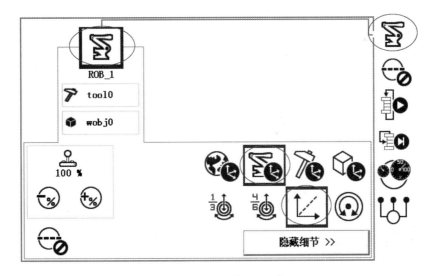

图 5-10　选中"基坐标"

3.分别在线性和重定位运动模式下，操纵控制杆的$x$、$y$、$z$轴观察工业机器人的运动情况，并在图5-11、图5-12上标出对应轴的运动方向。

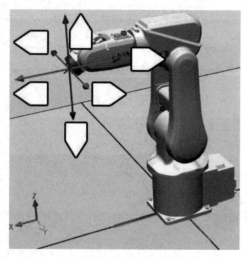

图5-11 线性运动模式

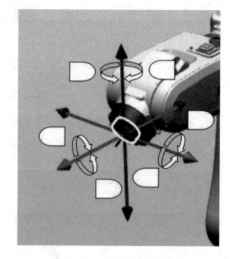

图5-12 重定位运动模式

4.在基坐标系下操作工业机器人运动，每次操作控制杆时观察工业机器人的运动情况，并结合图5-11、图5-12分析工业机器人对应轴的运动情况。在表5-3中动作一列选填"移动动作"或"旋转动作"。

表5-3 基坐标系下的轴操作

| 轴名称 | | 控制杆操作 | | 动作 |
|---|---|---|---|---|
| 线性运动 | $x$轴 | | 上下摇摆 | |
| | $y$轴 | | 左右摇摆 | |
| | $z$轴 | | 顺逆时针方向旋转 | |
| 重定位运动 | $x$轴 | | 上下摇摆 | |
| | $y$轴 | | 左右摇摆 | |
| | $z$轴 | | 顺逆时针方向旋转 | |

### ▌ 知识链接

（1）工业机器人的基坐标系。所谓基坐标系，是指根据机器人的固定基座确立的坐标系，如图5-14所示。人面向机器人站立，$x$、$y$、$z$轴的方向符合笛卡儿坐标系，机器人的前后方向代表的是$x$轴方向，其中机器人正前方为正$x$方向；左右方向代表的是$y$方向，其中右手边为正$y$方向；垂直基座方向代表的是$z$方向，其中从基座指向机器人手腕方向为正$z$方向，如图5-13所示。

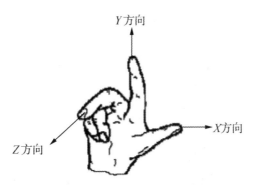

图5-13 坐标系右手定则示意图

在线性运动模式下拨动控制杆，机器人工具前端（TCP）沿着基坐标系（图5-14）的x、y、z轴平行移动；在重定位运动模式下拨动控制杆，机器人工具前端（TCP）围绕着基坐标系的x、y、z轴旋转运动。工具前端的位置确定后，调整接近角度的时候使用此坐标很方便。

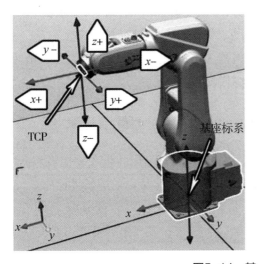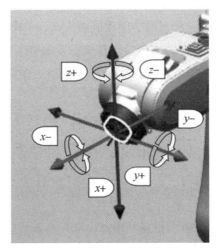

图5-14 基坐标系

（2）基坐标系的特点。在基坐标系下，人面向机器人站立，机器人的前后方向代表的是x轴方向，其中前方为正x方向；垂直基座方向代表的是z方向，其中从基座指向机器人手腕方向为正z方向。工具前端（TCP）的x、y、z轴的移动方向与基座的方向一致。x、y、z轴的旋转方向符合右手螺旋定则，分别代表的是围绕x、y、z轴的旋转方向，如表5-4所示。

表5-4 基坐标系下的轴操作

| 轴名称 | | | 轴操作 | | 动作 |
|---|---|---|---|---|---|
| 线性运动 | x轴 | 六轴联动 | | 上下摇摆 | 沿x轴方向平行移动 |
| | y轴 | | | 左右摇摆 | 沿y轴方向平行移动 |
| | z轴 | | | 顺逆时针方向旋转 | 沿z轴方向平行移动 |
| 重定位运动 | x轴 | | | 上下摇摆 | 末端点位置不变，机器人分别绕x、y、z轴转动 |
| | y轴 | | | 左右摇摆 | |
| | z轴 | | | 顺逆时针方向旋转 | |

举一反三：

（1）请每个小组派出一名学生代表，与ABB机器人面对面站在操作平台前，听从另一位同学的移动指令，以身体的前后、左右移动和下蹲、起立代表机器人坐标系下的x、y、z轴移动，向全班同学展示机器人x、y、z轴的运动情况及正负方向。

（2）在轴坐标系、基坐标系配合下操作机器人进行比赛，看哪个小组能在最短时间内把机器人手爪吸盘移动到倾斜料槽上的圆型物料表面并贴合。

## 学习活动三：建立工业机器人的画笔工具坐标系

1.按照如下操作提示进入"手动操纵"界面，新建工具坐标。查看并把表5-5中的工具长度（x、y、z）、重量参数（mass）和重心参数输入工具坐标系的编辑界面中。

（1）单击示教编程器显示界面左上方的 ≡∨ ，在主菜单显示界面中选择 ♟ **手动操纵**，出现"手动操纵"显示界面，如图5-15所示。

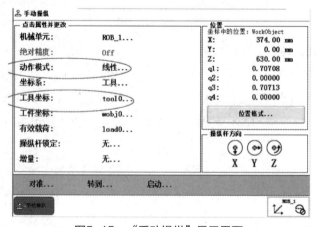

图5-15 "手动操纵"显示界面

（2）在"手动操纵"显示界面中单击"动作模式"，出现如图5-16所示界面，选择"线性运动"，然后单击"确定"按钮。

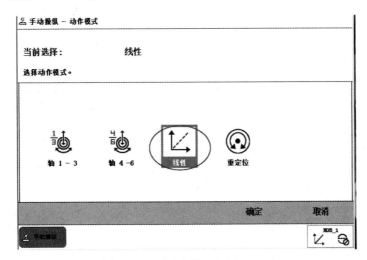

图5-16 "动作模式"显示界面

（3）单击"手动操纵"显示界面下的"工具坐标"，出现如图5-17所示的"工具"显示界面。

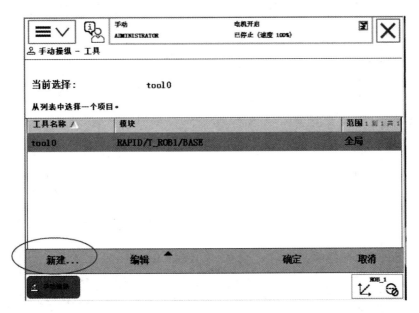

图5-17 "工具"显示界面

（4）在工具显示界面中选择"新建"，出现如图5-18所示的"新数据声明"显示界面。

图5-18　"新数据声明"显示界面

（5）在"新数据声明"显示界面中可任意输入工具坐标系名称，仅限英文和数字组合。这里就以tool1名称举例，范围选择"全局"，模块选择"MainModule"，然后单击"初始值"，出现如图5-19所示的"编辑"显示界面。

（6）把表5-5中的工具1（tool1）的长度和重量参数输入如图5-19所示的"编辑"显示界面中。

表5-5  工具参数

| 工具名称 | 长度（mm） | | | 重量（kg） | 重心（mm） | | |
|---|---|---|---|---|---|---|---|
| | x | y | z | mass | x | y | z |
| tool1 | 0 | 200 | 55 | 1 | –5 | 0 | 55 |

（7）把表5-5中的工具1（tool1）的重心参数输入如图5-20所示的"编辑"界面中重量mass的下方，单击示教器屏幕右边的"确定"按钮即可初步创建工具坐标系1（画笔）。

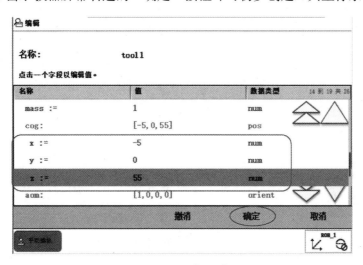

图5-20  单击"确定"按钮

2.按照如下操作提示进入"工具坐标定义"界面，运用六点法定义工具坐标系

（1）单击选中tool1工具坐标系，单击示教编程器显示界面下方的 编辑，然后单击选中 定义... ，如图5-21所示。

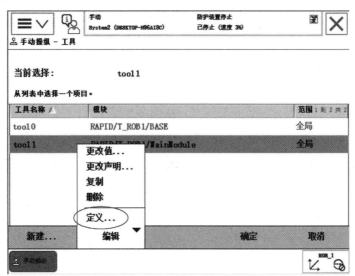

图5-21  选中"定义"

（2）在出现的如图5-22所示的"工具坐标定义"界面中，在"方法"对应的选项中选择"TCP和Z，X"，即六点法定义工具坐标系。

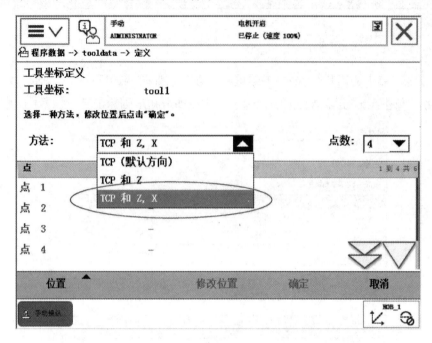

图5-22 选择"TCP和z，x"

（3）通过向下翻页 ▽ ，可以看到"六点法"中所指的六点（除了点1、点2、点3、点4外），还有延伸器点x和延伸器点z，如图5-23所示。

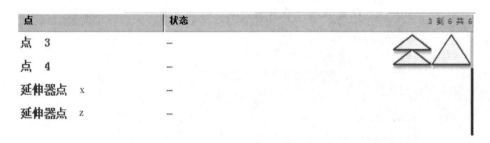

图5-23 延伸器点x和延伸器点z

（4）单击选中点1，如图5-24所示。操作控制杆以某种姿态使工具前端接触辅助尖端物的顶点，然后单击 修改位置 ，完成点1的坐标位置录入。以另外三种不同的姿态接触辅助尖端物的顶点，依次作为点2、点3、点4的坐标。其中点4是必须垂直于辅助尖端物的顶点。

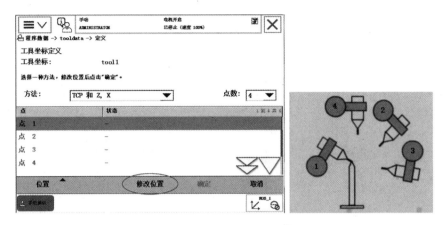

图5-24　单击"修改位置"

（5）参考基坐标系的方向，我们使工具前端在接触辅助尖端物的情况下水平沿着工作站平台向内移动一段距离，定义工具坐标系tool1的x方向，单击 **修改位置** 记录延伸器点x的坐标值；再把工具前端移回到原点，把辅助尖端物拿掉，然后把工具尖端沿垂直方向往下移动一段距离，定义工具坐标系tool1的z方向，单击 **修改位置** 记录延伸器点z的坐标值。图5-25为x轴、z轴方向的移动示意图。

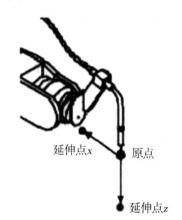

图5-25　x轴、y轴方向的移动示意图

（6）完成六个坐标点的记录后，单击 **确定** 按钮，完成工具坐标系tool1的设定。

3.检验新建工具坐标系：在"手动操纵"界面（图5-26）下单击"坐标系"选择工具坐标系，单击"工具坐标"运用tool1，把速度比例调整为25%，运用控制杆移动机器人到合适位置。每次拨动单一方向的控制杆时观察工业机器人的运动情况，说出对应轴的移动方向和旋转方向。

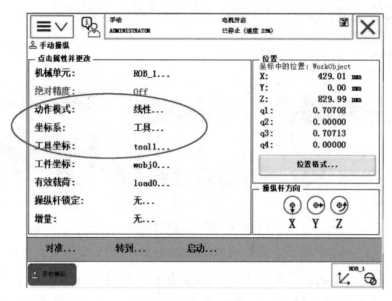

图5-26 "手动操纵"界面

4.使机器人1轴转动90°，5轴转过30°，在该位置上分别拨动控制杆使机器人移动或转动，观察机器人工具坐标系方向与之前状态相比的变化差异情况，并记录在下面的横线上。

_____

_____

## 课堂互动

1.经过实践操作，工具坐标系在不同位置的移动有什么特点？

2.大家知道前面输入的工具参数是哪个夹具的参数吗？如果要测量其他夹具的参数该怎么测量？

## 知识链接

（1）工具坐标系的定义。工具坐标系（图5-27），即安装在机器人末端的工具坐标系，原点及方向都是随着工具前端［TCP（Tool Center Point）］位置与角度不断变化的。工具坐标系是以机器人工具法兰中心为基准进行设定的。若变更工具法兰（机器人手腕）方向，工具坐标系方向也会改变。工具坐标系实际上是将基坐标系通过旋转及位移变化而来的。

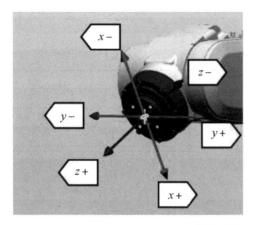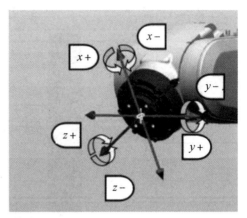

图5-27　工具坐标系

（2）工具坐标系按键特点。工具坐标系按键特点如图5-28所示。

| 手动操纵 | | 手动操纵 | |
|---|---|---|---|
| 点击属性并更改 | | 点击属性并更改 | |
| 机械单元： | ROB_1... | 机械单元： | ROB_1... |
| 绝对精度： | Off | 绝对精度： | Off |
| 动作模式： | 线性... | 动作模式： | 重定位... |
| 坐标系： | 工具... | 坐标系： | 工具... |
| 工具坐标： | tool0... | 工具坐标： | tool0... |
| 工件坐标： | wobj0... | 工件坐标： | wobj0... |
| 有效载荷： | load0... | 有效载荷： | load0... |
| 操纵杆锁定： | 无... | 操纵杆锁定： | 无... |
| 增量： | 无... | 增量： | 无... |

图5-28　工具坐标系按键特点

在线性运动模式下拨动控制杆，机器人工具前端（TCP）沿着工具坐标系的x、y、z轴平行移动。在重定位运动模式下拨动控制杆，机器人工具前端（TCP）围绕着工具坐标系的x、y、z轴旋转运动。当执行旋转操作时，TCP位置（x、y、z）被固定，以x、y、z轴为旋转方向基准进行工具姿势旋转，如表5-6所示。

与基坐标系相比，工具坐标系会随着工具所在位置而发生方向上的变化，工具坐标系的方向主要取决于工具所在位置，以工具作为参考点；而基坐标系始终以基座作为参考基准，不会随着工具位置的变动而发生方向上的改变。

表5-6 工具坐标系的轴操作

| 轴名称 | | | 轴操作 | 动作 |
|---|---|---|---|---|
| 线性运动 | x轴 | 六轴联动 | 上下摇摆 | 沿x轴方向移动 |
| | y轴 | | 左右摇摆 | 沿y轴方向移动 |
| | z轴 | | 顺逆时针方向旋转 | 沿z轴方向移动 |
| 重定位运动 | x轴 | | 上下摇摆 | 末端点位置不变，机器人分别绕x、y、z轴转动 |
| | y轴 | | 左右摇摆 | |
| | z轴 | | 顺逆时针方向旋转 | |

注意：

通常情况下，将工具向上的方向设为z（上）方向，前方向设为x（前）方向，则工具坐标系与基坐标一致，操作较为容易。

（3）工具长度的测量。

1）工具长度的参考基准。工具的长度为在手腕坐标系上，工具尖端的 $x$、$y$、$z$ 成分的

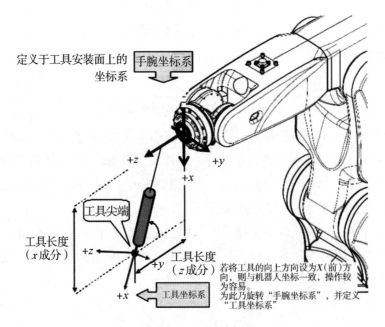

图5-29 手腕坐标系

坐标。同样的，将尖端坐标系上的工具尖端的倾斜度以各轴旋转的旋转角度表示。依此参数而定义的坐标系称为"工具坐标系"。

手腕坐标系如图5-29所示，以工具安装面的中心为零点，以工具安装面所朝的方向为$z$方向。依上述的定义测定并输入已测量的工具长度。

2）工具的长度测量示例。为了测量图5-30中的工具的长度，需要进行如图5-31所示的三步操作。

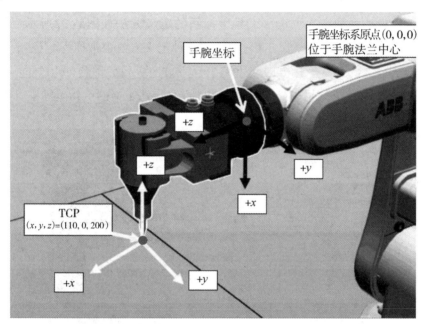

图5-30 工具的长度测量示例

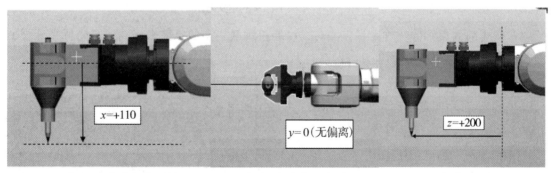

（a）$x$方向的长度测量　　　（b）$y$方向的长度测量　　　（c）$z$方向的长度测量

图5-31 工具长度测量操作

如果以"手腕坐标系"作为基准，TCP位置（工具长度）为$(x, y, z) = (110, 0, 200)$。

1.工具坐标系相比基坐标系的最大优势是什么？

2.机器人教学平台三个夹具的TCP点在哪里？

3.工具坐标系的设定参数中输入的是TCP点离法兰盘中心的距离吗？怎么测量？

（4）工具坐标系的定义方法。工具坐标系的定义方法如图5-32所示，可分为TCP（默认方向）、TCP和Z、TCP和Z, X三种。这三种定义方法也常称为4点法、5点法和6点法。通过4点法定义的工具坐标方向与手腕坐标系方向一致，即与tool0方向一致；通过5点法定义的工具坐标系方向可重新定义z方向；通过6点法定义的工具坐标系可重新定义z和x方向。

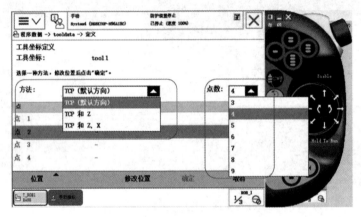

图5-32　工具坐标系的定义方法

在使用前面提到的三种定义方法时，可通过示教更多的点数来提高工具坐标系建立的准确性。ABB机器人在建立工具坐标系时支持3~9点的定义点数。

举一反三：

（1）尝试用四点法建立工具坐标系，并画出所建立工具坐标系的方向示意图。

（2）画出图5-33中焊接机器人的焊枪的工具坐标系。

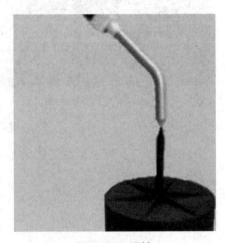

图5-33　焊枪

## 【知识讲解】

1.坐标系的概念

为了说明质点的位置，运动的快慢、方向等，必须选取其坐标系。在参照系中，为确定空间一点的位置，按规定方法选取的有次序的一组数据，就叫作"坐标"。在某一问题中规定坐标的方法，就是该问题所用的坐标系。

（1）大地坐标系的定义。在《工业机器人坐标系和运动命名原则》（GB/T 16977—2005）中，对工业机器人的坐标系进行了定义。其中，固定在地面上的坐标系称为大地坐标系或世界坐标系，可定义机器人单元，所有其他的坐标系均与大地坐标系直接或间接相关。它适用于微动控制、一般移动以及处理具有若干机器人或外轴移动机器人的工作站和工作单元。

固定在安装面上的坐标系称为基坐标系，它是最便于机器人从一个位置移动到另一个位置的坐标系。在默认情况下，大地坐标系与基坐标系是一致的。对于固定安装的机器人，当安装完成后，坐标系之间的对应关系即唯一确定，两种坐标系之间的变换很容易进行。机器人系统各类坐标系如图5-34所示。

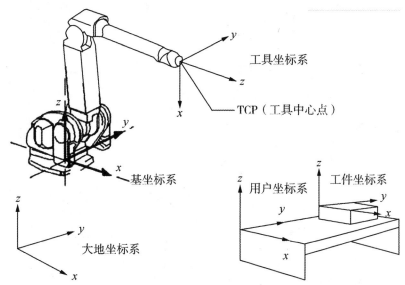

图5-34 机器人系统坐标系

### 课堂互动

1.机器人系统坐标系包含了哪些坐标系？

2.大地坐标系是固定不变的吗？

（2）大地坐标系和基坐标系的差异比较，如图5-35、图5-36、图5-37所示。

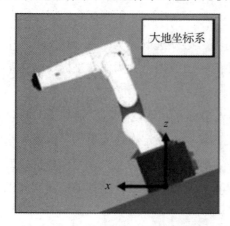

图5-35　倾斜式安装时的大地坐标系和基坐标系

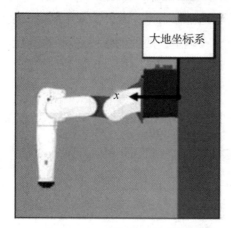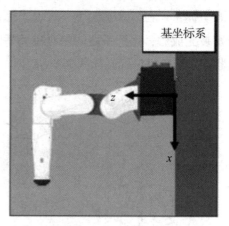

图5-36　壁挂式安装时的大地坐标系和基坐标系

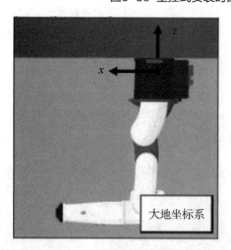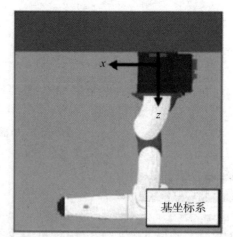

图5-37　悬挂式安装时的大地坐标系和基坐标系

大地坐标系的$x$、$y$、$z$轴的方向是固定不变的，与机器人安装在水平面上时的方向一致；基坐标系的$x$、$y$、$z$轴方向是相对不变的，机器人的前后方向代表$x$轴方向、上下方向代表$z$轴方向、左右方向代表$y$轴方向。

2.工件坐标系的认知

（1）工件坐标系的定义。工件坐标系是在工具活动区域内相对于基坐标系设定的坐标系，可用于表示固定装置、工作台等设备。对机器人编程时就是在工件坐标系中创建目标和路径，可通过坐标系标定或者参数设定来确定工件坐标系的位置和方向。如果工具在工件坐标系1和工件坐标系2中的轨迹相同，则可将工件坐标系1中的轨迹复制到工件坐标系2中，无须对一样的重复轨迹编程。因此，巧妙地建立和应用工件坐标系可以减少示教点数，简化示教编程过程。如图5-38中灰色台面坐标，工件上的点位置在大地坐标系中不方便标识，采用工件坐标系就很方便。

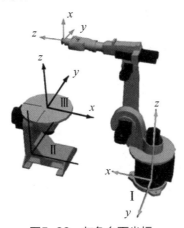

图5-38　灰色台面坐标

在工件坐标系中，根据事先设定的工件坐标系移动机器人工具前端［TCP（Tool Center Point）］。当执行旋转操作时，TCP坐标（$x$、$y$、$z$）会被固定作为旋转方向的基准。如图5-39所示。

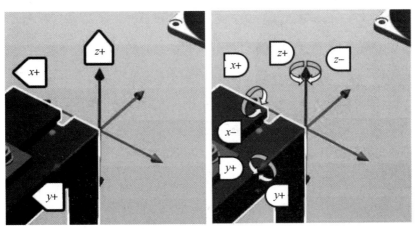

图5-39　工件坐标系

（2）工件坐标系的特点。在工件坐标系中，线性模式下拨动操纵杆可以实现$x$、$y$、$z$方向的平行移动，切换为重定位模式拨动操纵杆可以实现以$x$、$y$、$z$轴为基准的旋转动作。工作坐标系的轴操作如表5-7所示。

表5-7 工件坐标系的轴操作

| 轴名称 | | | 轴操作 | | 动作 |
|---|---|---|---|---|---|
| 线性运动 | $x$轴 | 六轴联动 | | 上下摇摆 | 沿$x$轴方向移动 |
| | $y$轴 | | | 左右摇摆 | 沿$y$轴方向移动 |
| | $z$轴 | | | 顺逆时针方向旋转 | 沿$z$轴方向移动 |
| 重定位运动 | $x$轴 | | | 上下摇摆 | 末端点位置不变，机器人分别绕$x$、$y$、$z$轴转动 |
| | $y$轴 | | | 左右摇摆 | |
| | $z$轴 | | | 顺逆时针方向旋转 | |

· （3）工件坐标系的建立。工件坐标系通常会采用三点法来建立。我们可以在工件表面上用三个点来确定一个平面，例如$x_1$是用来确定坐标的原点；$x_2$用来确定$x$轴的正方向；$y_1$用来确定$y$轴的正方向。当确定了这三个点的位置后，便可以建立工件坐标系了，如图5-40、图5-41所示。

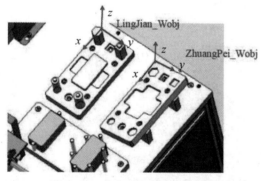

图5-40 建立工作坐标系（1）

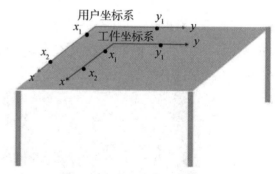

图5-41 建立工作坐标系（2）

ABB机器人建立工件坐标系的操作如下：

1）在手动操纵画面中，选择"工件坐标"（图5-42）。

2）单击"新建"按钮（图5-43）。

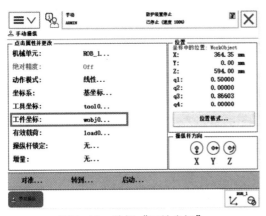

图5-42 选择"工件坐标"

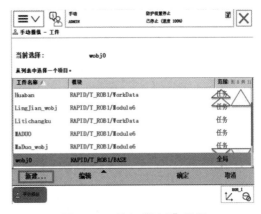

图5-43 单击"新建"按钮

3）对工件坐标属性进行设定，单击"确定"按钮（图5-44）。

4）打开编辑菜单，选择"定义"（图5-45）。

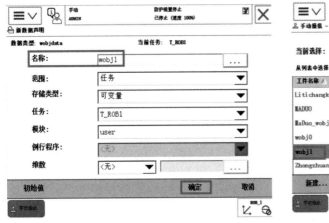

图5-44 工件坐标属性设定　　　　　　　图5-45 打开编辑菜单

5）将用户方法设定为"3点"（图5-46）。

6）按照前面的方法，将机器人移动到对应位置，单击"修改位置"按钮记录点位数据（图5-47）。

图5-46 用户方法设定为"3点"

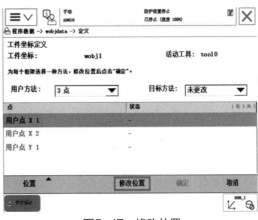

图5-47 修改位置

3.TCP（工具前端）固定功能

除了轴坐标系（关节坐标系）外，在其他坐标系下都有TCP固定功能，即在工具前端中心点位置保持不变的情况，只改变工具的方向（姿态）。在TCP固定功能下各轴的运动方式见表5-8。

表 5-8　TCP固定功能下各轴的运动方式

| 轴名称 | | | 轴操作 | | 动作 |
|---|---|---|---|---|---|
| 线性运动 | x轴 | 六轴联动 | |  上下摇摆 | 沿x轴方向移动 |
| | y轴 | | |  左右摇摆 | 沿y轴方向移动 |
| | z轴 | | |  顺逆时针方向旋转 | 沿z轴方向移动 |
| 重定位运动 | x轴 | | |  上下摇摆 | 末端点位置不变，机器人分别绕x、y、z轴转动 |
| | y轴 | | |  左右摇摆 | |
| | z轴 | | |  顺逆时针方向旋转 | |

注意：

　　文中的坐标系讲解以ABB品牌机器人为依据，但每个品牌的机器人在坐标系上有差异，不同品牌机器人的轴运动方向以该品牌的操作说明书为准。

【应用训练】

1.大地坐标系、基坐标系、工具坐标系和工件坐标系之间有什么区别与联系？把坐标系画出来并进行汇报讲解。

2.分别在轴坐标系、基坐标系、工具坐标系下，以相同的姿态接近一固定点，比较三种方式的差异和便捷程度。

3.图5-48中的Ⓐ、Ⓑ、Ⓒ、Ⓓ、Ⓔ五个坐标系分别是哪种坐标系？

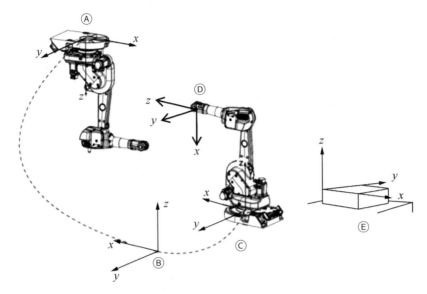

图5-48　几种坐标系

 主题讨论

1.工业机器人可以应用在哪些场所？

2.机器人是怎样实现直线、圆弧运动的呢？

3.在选择"PP移至光标"时，若光标没在第二行，PP会移至哪儿？

【课后习题】

## 一、选择题

1.下列各个轴的控制杆方向正确的是（　　　）。

A.1轴和4轴：左右拨动控制杆，右为正方向

B.2轴和5轴：上下拨动控制杆，下为正方向

C.3轴和6轴：旋转拨动控制杆，顺时针方向为正方向

2.下列哪个选项运动的正方向是沿着顺时针方向旋转的、负方向是沿着逆时针方向旋转的？（　　　）

A.2轴　　　　　　　B.3轴　　　　　　　C.1轴　　　　　　　D.5轴

3.下列哪个选项运动的正方向是向下低头、负方向是向上抬头？（　　　）

A.1轴　　　　　　　B.3轴　　　　　　　C.4轴　　　　　　　D.6轴

4.基坐标系，也叫机器人坐标系或机械坐标系，是指根据机器人的固定基座中心确立

的坐标系，当人面向机器人站立时，以下方向判断正确的是（　　　）。

　　A.坐标系原点位于手腕中心

　　B.前后代表的是$+x$方向，靠近自己的为$-x$方向

　　C.左右代表的是$y$方向，右手代表的为$+y$方向

　　D.上下代表的是$+z$方向，上面为$-z$方向

## 二、填空题

1.机器人1～6轴在运动时，1轴机器人本体_____，2轴手臂_____，3轴手臂_____，4轴手腕_____，5轴手腕_____，6轴手腕_____。

2.利用示教器 键选择基坐标，继续单击 ，可使其动作模式在_____和_____之间切换。

3.机器人系统坐标系包含了\_\_\_\_\_坐标系、\_\_\_\_\_坐标系、\_\_\_\_\_坐标系、\_\_\_\_\_坐标系。

4.在基坐标系中线性运动模式下拨动控制杆，机器人工具前端（TCP）沿着基坐标系的$x$、$y$、$z$轴_____运动。在重定位运动模式下拨动控制杆，机器人工具前端（TCP）围绕着基坐标系的$x$、$y$、$z$轴_____运动。

## 三、判断题

1.控制杆控制轴1和轴4旋转都是左右摇摆控制杆。（　　　）

2.对运动范围大且不要求机器人末端姿态的情况，建议选用轴坐标系。（　　　）

3.在线性运动模式下拨动控制杆，机器人工具前端（TCP）围绕着工具坐标系的$x$、$y$、$z$轴平行运动。（　　　）

4.在重定位运动模式下拨动控制杆，机器人工具前端（TCP）沿着工具坐标系的$x$、$y$、$z$轴旋转移动。（　　　）

5.工具坐标系和手腕坐标系是一样的。（　　　）

6.建立工具坐标系的4个点在一个平面内。（　　　）

## 四、简答题

1.在什么情况下需要按下使动装置？

2.为什么通过正负方向调整速度大小，要求速度低于25%？

3.不同品牌的机器人，轴坐标系一样吗？

4.运用右手螺旋定则时，怎么判断轴的正方向？

5.什么是TCP？

6.在什么情况下才需要重新设定机器人坐标系？

7.对于倾斜场合下的操作应用，使用哪种坐标系比较方便？

8.为什么要设置重心参数？不设置会出现什么问题？

9.试简单描述轴坐标系、基坐标系和工具坐标系的区别和应用场合。

## 五、实践题

通过网络查找一种其他机器人公司工业机器人坐标系的定义方式，简要画出其示意图。

# 任务六 机器人涂鸦绘画操作

## 【任务描述】

通过示教编程器手动示教机器人在绘画模块上进行点到点之间的移动,画出直线、圆弧及相关图案,从中了解程序的架构及指令的含义,学会机器人程序的建立、编写及运行。

## 【学习目标】

1.了解程序的架构及指令的含义。

2.能初步掌握机器人示教点的选取原则。

3.能使用示教编程器建立、编写及运行程序。

## 【任务准备】

1.内六角扳手(每台机器人一套)。

2.白板笔、A3白纸(每台机器人若干)。

## 【引导操作】

### 学习活动一:安装画笔

1.利用M4内六角扳手(图6-1)松开机器人手爪上固定画笔的夹具,把画笔(白板笔)(图6-2)安装到夹具上。

图6-1 M4内六角扳手

图6-2 画笔(白板笔)

2.要求安装好的画笔末端贴紧夹具（图6-3）的内边框，如图6-4所示。

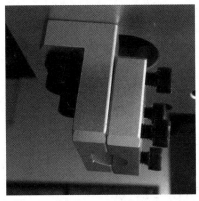 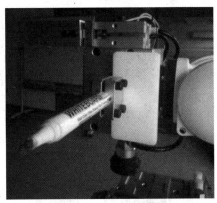

图6-3　画笔夹具　　　　　　　　　图6-4　安装好的画笔

注意：

如果机器人所处的姿态不方便松开夹具上的螺栓及画笔的安装，应先调整机器人的姿态或向老师求助。

# 学习活动二：新建例行程序

1.工业机器人通电前安全操作检查

（1）空气、保护气体等是否连接正确，且在规定的安全值范围内。

（2）是否已采用安全防护措施，非操作人员全部在安全围栏之外。

（3）机器人位姿是否已调整回初始位置，如果不是，开机后先调整回初始位置。

2.按照下面的操作步骤启动工业机器人

示教模式下启动工业机器人的步骤如图6-5所示。

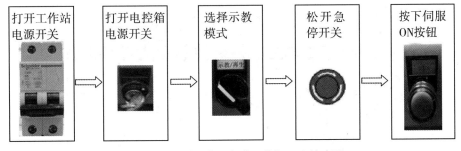

图6-5　示教模式下启动工业机器人的步骤

> **注意**
>
> 机器人启动通电后要进行以下检查：
>
> 1.急停、安全停机电路及装置有效。
>
> 2.机器人能按预定的操作系统指令进行运动。
>
> 3.安全防护装置和联锁的功能正常，其他防护装置（如栅栏、警示）就位。

3.在机器人示教界面下，选中程序编辑器新建模块，再新建例行程序

（1）在机器人示教界面下，选中ABB菜单中的"程序编辑器"，如图6-6所示。

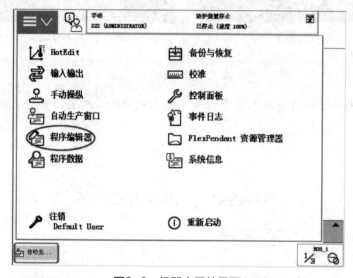

图6-6 机器人示教界面

（2）选中"文件"菜单下的"新建模块"，完成新建模块操作，如图6-7所示。

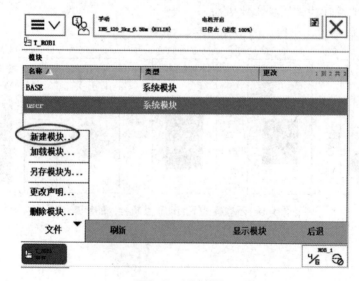

图6-7 新建模块

（3）在弹出来的"新建模块"命名页面中，将名称命名为"Module1"，单击"确定"按钮，如图6-8所示，模块就建立好了。

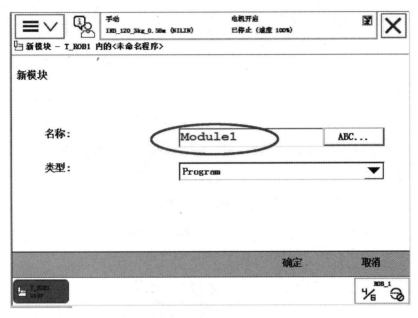

图6-8　"新建模块"命名页面

（4）在"模块"界面中，选择我们刚建立的"Module1"模块，单击"显示模块"，然后单击右上方的"例行程序"，如图6-9所示。

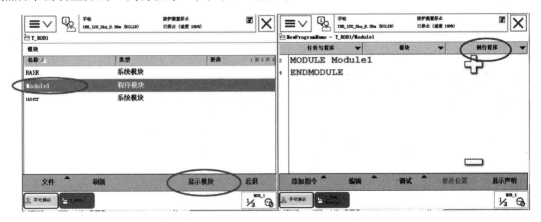

图6-9　"模块"界面

（5）在弹出来的"例行程序"界面中，单击"文件"，选择"新建例行程序"，将名称设为"Routine1"，再单击"确定"按钮，如图6-10所示。

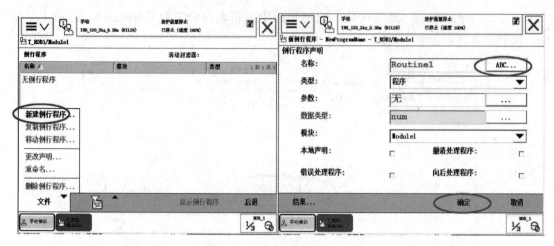

图6-10　"新建例行程序"界面

（6）在"例行程序"界面中，单击刚建立好的"Routine1"程序，单击"显示例行程序"，进入程序"Routine1"的编辑页面，如图6-11所示。

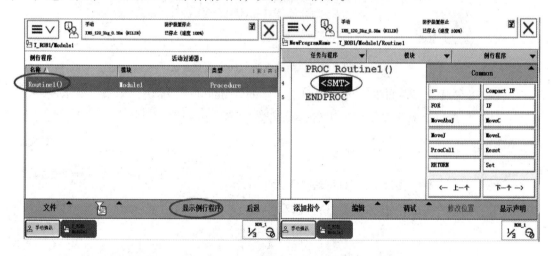

图6-11　程序"Routine1"界面

## 知识链接

（1）RAPID程序介绍。RAPID程序中包含了一连串控制机器人的指令，执行这些指令可以实现对机器人的控制操作。

应用程序是使用称为RAPID编程语言的特定词汇和语法编写而成的。RAPID是一种英文编程语言，所包含的指令可以移动机器人、设置输出、读取输入，还能实现决策、重复其他指令、构建程序、与系统操作员交流等功能。RAPID程序的基本架构和架构示例如图6-12、图6-13所示。

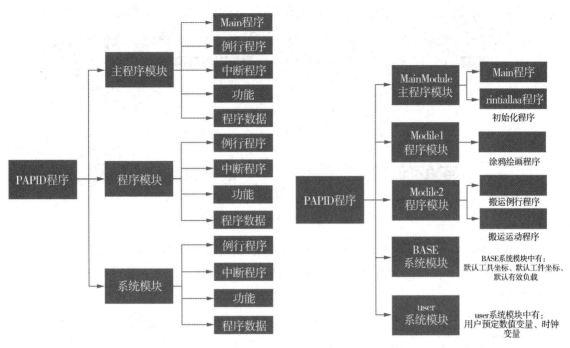

图6-12 RAPID程序的基本架构　　　　图6-13 RAPID程序架构示例

（2）RAPID程序架构说明。

1）RAPID程序由程序模块与系统模块组成。一般，通过新建程序模块来构建机器人的程序，系统模块多用于系统方面的控制。

2）可以根据不同的用途创建多个程序模块，如专门用于位置计算的程序模块，用于存放数据的程序模块，这样便于归类管理不同用途的例行程序与数据。

3）每一个程序模块包含了子程序数据、例行程序、中断程序和功能四种对象，但在一个模块中不一定都有这四种对象，程序模块之间的数据、例行程序、中断程序和功能可以互相调用。

4）在RAPID程序中，只有一个主程序Main，并且存在于任意一个程序模块中，是作为整个RAPID程序执行的起点。

## 学习活动三：程序的编写及示教运行

1.添加第一条程序指令

（1）在ABB菜单 ≡∨ 上选择"程序编辑器"，进入程序编辑器界面。进入"模块"界面，选择"Module1"模块，单击"显示模块"，此时页面跳转至"Routine1"程序页面。单击添加指令，添加一条"MoveAbsJ"指令，如图6-14所示。

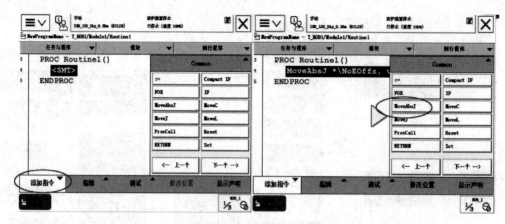

图6-14 程序指令的添加

（2）单击"添加指令"，关闭"添加指令"对话框。再单击指令中的"*"，双击"添加指令"进入"点位变量编辑"页面，然后单击"新建"按键，进行新建点位操作，如图6-15所示。

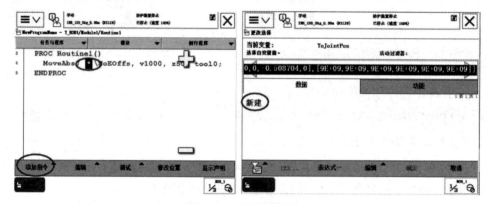

图6-15 点位的新增

（3）在弹出来的"新数据声明"页面中，单击"..."，修改名称为"phome"，单击"确定"按钮确认建立"phome"点位变量声明，如图6-16所示。再单击"更改选择"页面中的"确定"按钮，页面跳转回程序编辑页面，如图6-17所示。

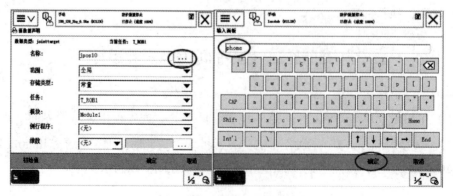

图6-16 新增点位的声明

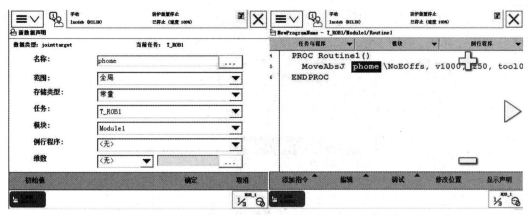

图6-17  新增点位完成

2.程序编写及运行

（1）在ABB菜单上选择"程序编辑器"，进入程序编辑器界面。进入"模块"界面。选择"Module1"模块，单击"显示模块"，此时页面跳转至"Routine1"程序页面。

（2）利用示教器把表6-1中的程序语句添加到"PROC Routine1（ ）"和"ENDPROC"之间。

表6-1  程序语句及含义

| 序号 | 程序语句 | 含义 | 示教点 | 运动方式 |
|---|---|---|---|---|
| 1 | MoveAbsJ, phome/NoEoffs, v1000, z50,tool0 | 从当前点开始移动（不使用外轴偏移），飞跃过phome（原点），速度1 000 mm/s，转弯半径为50mm，默认工具坐标 | phome | 关节运动 |
| 2 | MoveJ, P1ty00, v1000, z50,tool0 | 从当前点开始移动，飞跃过P1ty00，速度1 000 mm/s，转弯半径为50，默认工具坐标 | P1ty00 | 点到点运动 |
| 3 | MoveJ, P1ty10, v500, z50,tool0 | | | |
| 4 | MoveL, P1ty20,v300, fine,tool0 | 从当前点开始移动，停止在P1ty20，速度300 mm/s，转弯半径为0，默认工具坐标 | P1ty20 | 直线运动 |
| 5 | MoveL, P1ty30, v100, fine,tool0 | | | |
| 6 | MoveC, P1ty40, P1ty50, v100, fine,tool0 | 从当前点开始移动，以圆弧运动的方式通过P1ty40，停止在P1ty50，速度100 mm/s，转弯半径为0，默认工具坐标 | P1ty40、P1ty50 | 圆弧运动 |
| 7 | MoveL, P1ty60, v300, z50,tool0 | | | |
| 8 | MoveJ, P1ty00, v1000, z50,tool0 | | | |
| 9 | MoveAbsJ, jpos10/NoEoffs, v1000,z50,tool0 | | | |

（3）单击程序页面的"调试"按钮，在弹出来的"调试"界面中，单击检查程序，机器人自动执行程序检查的工作，如图6-18所示。

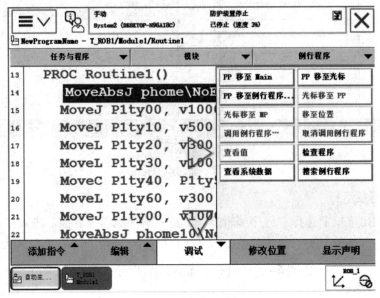

图6-18　检查程序

（4）程序确认无误后，可以开始对程序中的点位进行"修改位置"操作。

3.点位示教和手动运行

（1）在示教模式下，在ABB主菜单 ≡∨ 上选择"程序编辑器"，进入"模块"界面。选择"Module1"模块，单击"显示模块"，此时页面跳转至"Routine1"程序页面。

（2）单击第一条指令，选中其中的点位"phome"，在机器人第4、5、6轴尽可能保持在水平舒展状态下，单击下方的"修改位置"按钮，记录下机器人的初始位置姿态，作为"phome"点，如图6-19所示。机器人的点位数据可以在"调试"中单击"检查值"来查看。

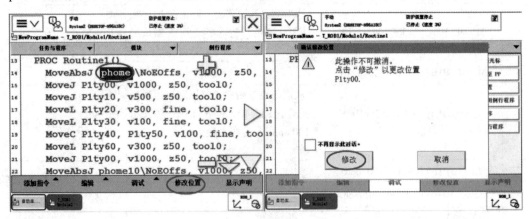

图6-19　修改位置

（3）选择轴坐标模式，然后按住示教器侧方的使动装置，操作摇杆将机器人移动至画板上方，略微移动第5轴（使其进入正角度位置），再调整机器人第6轴夹具的姿态，使画笔的笔尖垂直向下，按下"修改位置"按钮，记录下机器人的当前姿态，作为"P1ty00"点。

（4）把A3大小的白纸固定在绘画模块上，然后按住示教器侧方的使动装置，选择轴坐标模式，使画笔的笔尖到达白纸上方水平位置、距离绘画模块水平面大约2 cm处，并记录下当前点的位姿，作为"P1ty10"点。

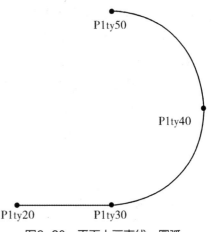

图6-20　平面上画直线、圆弧

（5）选择线性运动模式，调低速度比例，使画笔笔尖缓慢移动，轻轻接触到白纸，记录下当前点的位姿，作为"P1ty20"点。

（6）在白纸上再按顺序（直线—圆）移动到剩下三个不同的点，分别记录下这三个点的位姿，作为"P1ty30""P1ty40""P1ty50"点。

（7）操作摇杆缓慢提起画笔至白纸上方大约5 cm处，并记录下当前点的位姿，作为"P1ty60"点。

（8）在"Routine1"程序中，单击"调试"，再单击"PP移至例行程序"，在"例行程序"界面找到"Routine1"程序，单击"确定"按钮，将程序指针PP移至程序第一行，如图6-21所示。

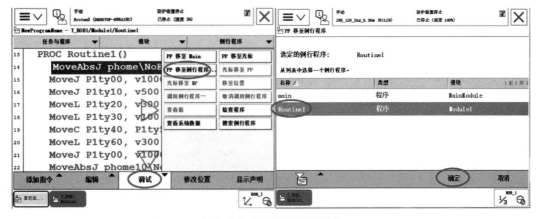

图6-21　PP移至例行程序

（9）在程序界面中选中倒数第三行（MoveJ P1ty00），然后单击"调试"，再单击"PP移至光标"，此时程序指针会指到这行，按住示教器上的使动装置，在确保机器人运动不存在碰撞的前提下，按下示教器上的"步进"按钮，此时机器人会运动到

"P1ty00"点，程序指针指向下一行。

（10）按住示教器上的使动装置，在确保机器人运动不存在碰撞的前提下，按下示教器上的"步进"按钮，此时机器人会运动到"phome"点，程序指针指向ENDPROC。

（11）将光标移至第一行，再按下"调试"，单击"PP移至光标"，将程序指针移至第一行，依次按顺序按下"步进"按钮 ，逐步完成机器人从起始点的位置到终点的位置的示教准确性确认。如果示教点的位置有偏差，需要重新修改点位位置。

（12）将光标移至第一行，再按下"调试"，单击"PP移至光标"，将程序指针移至第一行，按下"运行"按钮，完成机器人从起始点的位置到终点的位置的示教准确性确认。如果示教点的位置仍有偏差，则还需要重新修改点位位置。

**课堂互动**

1.在手动模式示教点位的过程中，能让机器人走出我们需要的轨迹曲线吗？

2.为什么要进行示教点位的检查校正操作？

4.主程序编写和自动运行

（1）进入Main主程序界面：在示教模式下，在ABB主菜单上选择"程序编辑器"，进入"模块"界面。选择"MainModule"模块，单击"显示模块"，此时页面跳转至"Main"主程序页面。

（2）进入指令集选择界面：在"Main"主程序中，单击"添加指令"，再单击右上方的"Common"，进入"指令集选择"界面，如图6-22所示。

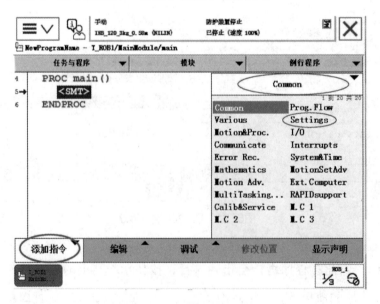

图6-22　指令集选择界面

（3）添加降低加速度指令、改变编程速率指令：在"指令集选择"界面，选择"Settings"，单击添加"AccSet"，添加降低加速度指令，再单击右下方的"下一个"按钮，再单击"VelSet"，再单击右下方，完成添加改变编程速率指令的"下一个"按钮。如图6-23所示。

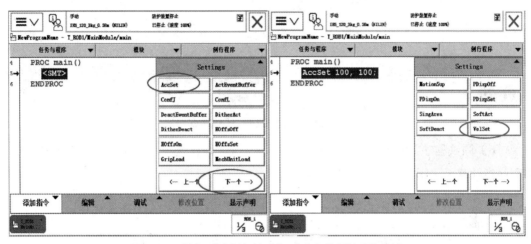

图6-23　添加"降低加速度""改变编程速率"指令

（4）设定降低加速度、改变编程速率的值：添加完"VelSet"后，我们需要修改这两条指令的数值，单击"AccSet"指令后面的第一个"100"，再单击一次，进入变量修改页面。单击下方的"…123"，在弹出的数字小键盘中输入"20"，单击键盘上的"确定"按钮，如图6-24所示。再将第二个"100"也修改成"20"，同理将"VelSet"指令后的数值改为"30""500"（图6-24）。

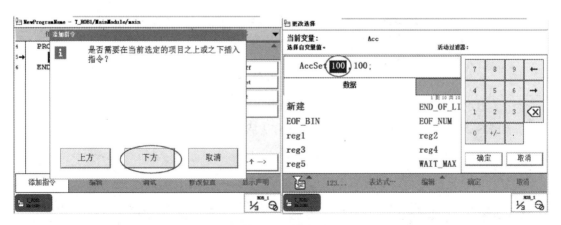

图6-24　修改"降低加速度""改变编程速率"指令变量数值

（5）调用子程序（例行程序）：在"Main"主程序页面中，添加"ProcCall"指令，进入子程序调用页面，选择"Routine1"，再单击"确定"按钮，此时完成子程序调用，如图6-25所示。

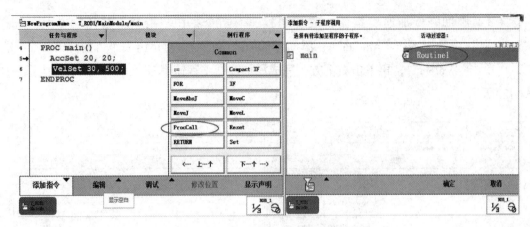

图6-25 "ProcCall"子程序调用

（6）调试程序：在"Main"主程序页面，按下"调试"，再按下"PP 移至 Main"，将程序指针移至主函数第一行，如图6-26所示。

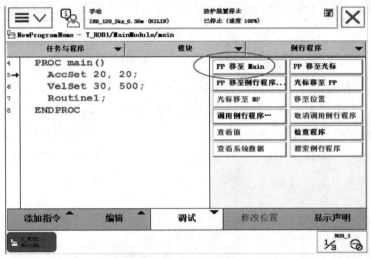

图6-26 "PP 移至 Main"

（7）自动运行：把按钮盒上的模式切换旋钮切换到再生模式，在示教器上单击"确认"按钮，如图6-27所示。同时按下［启动按钮1］和［启动按钮2］，实现程序的自动运行。

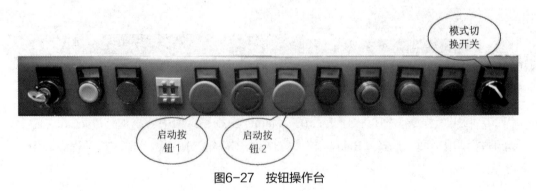

图6-27 按钮操作台

（8）观察每条运动指令的运动速度，看是否需要调整，若速度过快则需要降低指令中V的数值。

5.根据程序运行情况，把表6-1的内容补充完整。

**课堂互动**

1.自动运行时，若不将PP（程序指针）移至Main主函数，机器人会如何运行？

2.自动运行时，若不在主函数内添加调用子函数指令，机器人会如何运行？

**【知识讲解】**

1.Move移动指令（条件）

机器人编程指令可分为移动指令、应用指令两类。使机器人发生移动的指令叫移动指令，主要负责对机器人实现运动控制；可以对机器人进行输入、输出设置及逻辑控制的指令叫应用指令。

一行移动指令（步骤）对应一个或者两个记录位置，绝对角度、点对点和直线运动方式程序语句需要记录的是一个点的位置，如Move J，P10，v1000，z100，tool0语句中需要记录的是一个位置点P10；圆弧运动方式程序语句记录的是两个点的位置，如Move C，P20，P30，v100，fine，tool0，其中包含了插补运动方法、目标点、运动速度、到达目标位置确认形式等信息。

MoveJ指令的功能是使机器人从当前位置运动到目标位置，其指令格式如图6-28所示。

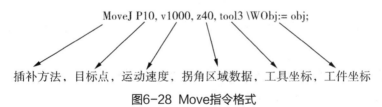

MoveJ P10, v1000, z40, tool3 \WObj:= obj;

插补方法，目标点，运动速度，拐角区域数据，工具坐标，工件坐标

图6-28 Move指令格式

（1）插补控制。当机器人运动时，可能存在多种路径。我们可以操作各轴的运动方式形成不同的路径，也可以使机器人创造直线或弧线轨迹。机器人手臂从一个点位运动到另一个点位通常有绝对角度（关节）、点对点、直线、圆弧四种插补方法（图6-29）。

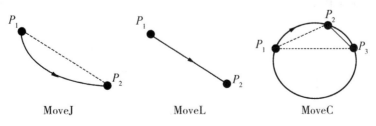

MoveJ　　　　　MoveL　　　　　MoveC

图6-29　三种插补方法

1）绝对角度（AbsJ）。MoveAbsJ（Move Absolute Joint）用于机械臂和外轴沿非线性路径运动至目的位置。所有轴均同时达到目的位置，能通过奇点，常用于机器人六个轴回到机械零点（0°）的位置。运动轨迹取决于机器人各轴之间的运动，绝大部分是非直线，指令为MoveAbsJ。

2）点对点（J）。MoveJ用于以PTP动作的形式将机器人机械臂的所有关节同时快速地移动。机械臂和外轴沿非线性路径运动至目的位置。所有轴均同时达到目的位置，适合于机器人大范围运动时使用，这种情况下机器人不容易在运动过程中出现关节轴进入机械死点的问题。机器人采用点对点动作从$P_1$点运动到指定的目标位置$P_2$，运动轨迹取决于机器人各轴之间的运动，绝大部分是非直线，指令为MoveJ。

3）直线（L）。MoveL用于将工具中心点沿直线移动至给定目的地。当TCP保持固定时，该指令亦可用于调整工具方位。指令为MoveL。

4）圆弧（C）。MoveC用于将工具中心点（TCP）沿圆周移动至给定目的地。移动期间，该周期的方位通常相对保持不变，产生一个连接$P_1$-$P_2$-$P_3$的圆弧。其中$P_1$为起始位置（当前点），$P_2$为中间点，$P_3$为目标位置，指令为MoveC。

最短路径原则：

直线及弧线运动指令（MoveL/C）遵守所谓的"最短路径原则"，也就是说，如果目标点坐标存在多个姿态值（轴坐标解），系统就会自动寻找最佳解到达目标位置，以缩短运动周期。

（2）速度数据V。V规定指令中TCP的速率，以mm/s计。随后，取代速度数据中指定的相关速率。

（3）区域数据Z。Z规定如何结束一个位置，即在朝下一个位置移动之前，轴必须如何接近编程位置。

1）停止点。停止点意味着机械臂和外轴必须在机械臂/外轴继续下一次移动之前达到指定位置（静止不动）。当满足有关点的收敛标准时，认为机械臂已达到停止点。其可经由参数$z$（fine）来指定。

2）飞跃点。飞越点意味着从未达到编程位置。在运动指令中规定一个区域，以定义角路径，在达到有关位置之前，使运动方向形成角路径，而非完全到达实际点位位置。其可经由参数$Z$（fine）来指定（图6-30）。

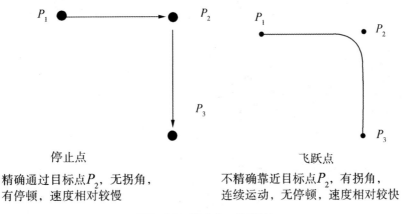

停止点

精确通过目标点$P_2$，无拐角，
有停顿，速度相对较慢

飞跃点

不精确靠近目标点$P_2$，有拐角，
连续运动，无停顿，速度相对较快

图6-30　停止点、飞跃点

2.奇点

机器人的法兰坐标可用轴坐标或直角坐标表示。在数学上，若某点的轴坐标已知，我们可借由正向运动学来求出其直角坐标。相反的，如果直角坐标已知，我们可透过逆向运动学得知其轴坐标。一般而言，在考虑姿态的情况下，轴坐标与直角坐标为一对一的对应关系。也就是说，一个轴坐标存在唯一的直角坐标解；一个直角坐标也一定存在唯一的轴坐标解，如图6-31所示。然而，一个直角坐标在不考虑姿态的情况下（只给定$X$、$Y$、$Z$、$RX$、$RY$、$RZ$），此直角坐标可能对应到多组轴坐标解。在这个情况下需要额外指定其姿态才能得到唯一的轴坐标解（图6-31）。

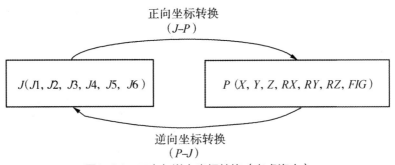

图6-31　正向与逆向坐标转换（考虑姿态）

六轴机器人在运动过程中，若第五轴角度为零度，第四轴与第六轴共线（$z4 /\!/ z6$），在做逆向运动学计算时，第四轴和第六轴两轴的角度会产生无限多组解。这种位置在机器人学上称为奇点，如图6-32所示。六轴机器人奇异点的解如图6-33所示。

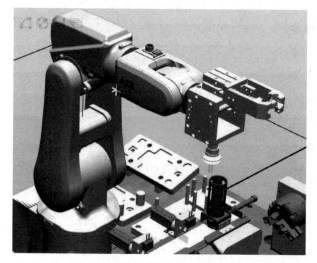

图6-32 机器人奇点位置

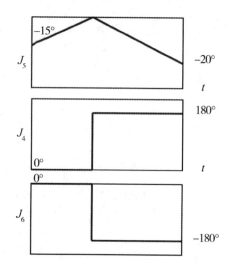

图6-33 六轴机器人奇异点的解

当六轴机器人线性运动时最容易行经奇点，在此情况下示教器页面会出现"50026 靠近奇点"的错误提示。这种现象为六轴多关节机器人的物理特性。在操作时及运动规划上应尽量避免任何奇点。

那我们应如何避免奇点呢?

奇点是机器人与生俱来的结构，无法彻底解决。但是机器人制造商会想办法从程序上躲避奇点。比如ABB机器人就有专门应对奇点的指令"SingArea"，以确定机器人在奇点附近轴插补运动的规划。当然我们也可以从最初示教点的时候就避开会产生奇点的情况。

## 情况一: 如果在机器人示教时遇到奇异点

处理步骤:

1）将机器人的示教坐标系切换到关节。

2）点动机器人，将$J_5$轴调离0°位置，建议小于-3°或大于3°。

3）按RESET键复位报警。

## 情况二: 如果在程序运行时遇到奇点

方法一：适合在无精细点位要求时使用。

当运行程序时遇到奇点，可以将该行动作指令改为J，或者修改机器人的位置姿态，以避开路径当中存在的奇点。

方法二：适合在有精细点位要求时使用。

在动作指令后添加附加动作指令：手腕关节动作指令WJNT（全名Wrist Joint）。

手腕关节动作指令（Wrist Joint）不在轨迹控制中对手腕的姿势进行控制（标准设定下，程序运行时，手腕的姿势始终被控制）。在直线动作、C圆弧动作、A圆弧动作时能够使用该指令。

3.降低加速度和降低编程速率指令

（1）降低加速度（AccSet）。使用了AccSet，可使用更低的加速度和减速度，使得机械臂的移动更加顺畅，不同变量下，加速度与时间的关系如图6-34所示。

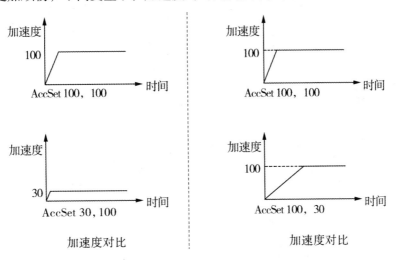

图6-34　不同变量下加速度与时间的关系

例：AccSet 50，30；

将加速度/减速度限制在正常值的50%，加速度限制为正常值的30%。

（2）降低编程速率（VelSet）。VelSet用于增加或减少所有后续定位指令的编程速率。

例：VelSet 50，800；

将所有的编程速率降至指令中值的50%，不允许TCP速率超过800 mm/s。

4.调用程序指令（ProcCall）

用于将程序执行转移至另一个程序。当执行完所调用程序时，程序指针将跳转回调用前的程序，继续执行程序后面的指令语句。

例：Routine1；

　　moveJ，P1ty10，v500，z50，tool0；

　　……

　　PROC Routine1（　）

　　 moveAbsJ，pho me，v100，z50，tool0；

　　ENDPROC

调用Routine1 程序。当程序执行完成时，程序指针执行返回原程序。回归继续后续指令 moveJ。

5.程序开始语句和结束语句

程序开始、结束的指令注释见表6-2。

表6-2　程序开始、结束的指令注释

| 指令名称 | 功能 | 指令注释 |
|---|---|---|
| PROC | 程序开始 | 程序开始语句，每建立一个程序名之后，"PROC" + "程序名称" 默认自动生成，然后例行程序也默认建立在PROC语句下方 |
| ENDPROC | 程序结束 | 程序结束语句，默认每建立一个程序名之后，ENDPROC语句自动生成 |

## 课堂互动

1.如果在程序示教过程中遇到机器人关节超出工作范围报警，该怎么处理？

2.如果在示教过程中出现机器人机械无法动作的情况，该怎么处理？

【应用训练】

根据图6-35所列出的机器人运动轨迹经过的点及机器人运动的先后步骤，完成图示轨迹的程序示教，并把程序语句填入表6-3中。

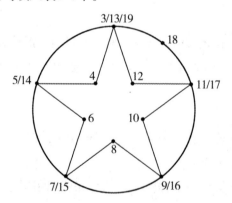

图6-35　机器人运动轨迹

表6-3　机器人运动轨迹与程序语句

| 序号 | 运动轨迹 | 程序语句 |
|---|---|---|
| 1 | 初始位置（点0） | |
| 2 | 初始位置→绘画模块上空（点1） | |
| 3 | 点1→点3上方2 cm（点2） | |
| 4 | 点3上方2 cm→点3 | |
| 5 | 点3→点4 | |
| 6 | 点4→点5 | |
| 7 | 点5→点6 | |

续表

| 序号 | 运动轨迹 | 程序语句 |
|------|---------|---------|
| 8 | 点6→点7 | |
| 9 | 点7→点8 | |
| 10 | 点8→点9 | |
| 11 | 点9→点10 | |
| 12 | 点10→点11 | |
| 13 | 点11→点12 | |
| 14 | 点12→点13 | |
| 15 | 点13→点14、点15 | |
| 16 | 点15→点16、点17 | |
| 17 | 点17→点18、点19 | |
| 18 | 点19→点19上空2 cm（点20） | |
| 19 | 点20→点1 | |
| 20 | 点1→初始位置（点0） | |

【课后习题】

一、选择题

1.（多选）在安装画笔时，画笔应与手爪的夹具垂直放置，且安装好的画笔末端贴紧夹具的内边框，其作用有（　　　）。

A.避免重新设定工具坐标系

B.夹具可以稳稳地夹持住画笔

C.保证画笔一个合适的伸出长度，便于绘画

D.确定TCP位置，更换画笔时就不用修改程序或者示教点的位置

2.新建例行程序在ABB菜单中的（　　　）选项中建立。

A.程序编辑器　　　　　　B.输入输出　　　　　　C.手动操纵　　　　　　D.程序数据

3.机器人启动通电后不再需要进行的检查为（　　　）。

A.检查机器人本体是否已用螺栓平稳地固定

B.机器人能按预定的操作系统指令进行运动

C.安全防护装置和联锁的功能正常，其他防护装置（如栅栏、警示）就位

D.急停、安全停机电路及装置有效

4.常用的机器人应用指令有（　　　）。

A.Set　　　　　　　　　　B.STOpen　　　　　　C.WaitTime　　　　　　D.ProcCall

## 二、填空题

1.如果机器人所处的姿态不方便松开夹具上的螺栓及画笔的安装,应先_____或向老师求助。

2.RAPID程序由_____与_____组成。

3.每一个程序模块包含了_____、_____、_____和_____四种对象,但不一定在一个模块中都有这四种对象,程序模块之间的数据、例行程序、中断程序和功能是可以互相调用的。

4.在RAPID程序中,只有_____主程序 Main,并且存在于任意一个程序模块中,使作为整个RAPID程序执行的_____。

5.机器人轨迹支持的四种插补方式绝对角度、点对点、直线、圆弧的指令分别是_____、_____、_____、_____。

6.直线及弧线运动指令( move L/C )遵守所谓的_____原则。

## 三、判断题

1.程序模块之间的数据、例行程序、中断程序和功能是不可以互相调用的。(    )

2.每一个程序模块包含了子程序数据、例行程序、中断程序和功能四种对象,但在一个模块中不一定都有这四种对象。(    )

3.机器人是通过线性运动实现直线和圆弧运动的。(    )

4.任何复杂的运动都可以分解为由多个直线平移和绕轴转动的简单运动的合成。(    )

5.自动运行前要把手动/自动开关切换到自动,运行模式就切换到自动模式,再按下启动按钮,机器人就开始自动运行了。(    )

## 四、简答题

1.自动运行时,若不将PP(程序指针)移至 main主函数,机器人会如何运行?

2.自动运行时,若不在主函数内添加调用子函数指令,机器人会如何运行?

3.为什么要进行示教点位的检查校正操作?

4.当示教模式下出现蜂鸣器报警,应如何处理?

5.结合程序说一下 MoveABSJ\ moveJ\ moveL\ moveC指令的具体用途。

6.机器人程序示教完成后能否直接运行? 为什么?

7.机器人示教点位的检查校正与机器人程序的检查是同一回事吗?它们之间有什么区别和联系?

8.完成图6-36所示轨迹程序的示教，并写出相应的程序语句。

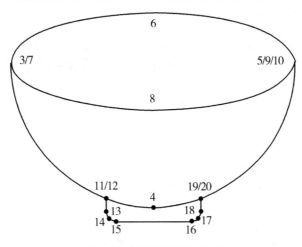

图6-36　轨迹程序的示教

# 任务七　工业机器人搬运编程与操作

## 【任务描述】

如图7-1所示，按照给定的程序，利用工业机器人吸盘把工件从位置A搬运到位置B，从中理解机器人搬运程序的含义及搬运流程。结合所学知识，完成应用训练中要求的工件搬运的程序示教。

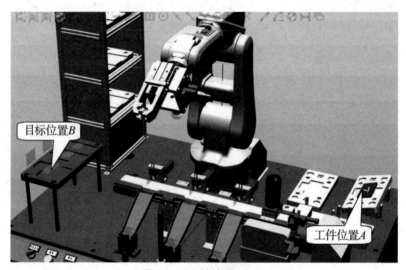

图7-1　工件位置A和B

## 【学习目标】

1.能够新建、编辑和加载程序。

2.能够完成搬运程序的手动操作。

3.能使用工业机器人基本指令正确编写搬运控制程序。

4.掌握工业机器人搬运运动规划、路径规划的特点及程序编写方法。

## 【引导操作】

### 学习活动一：加载工业机器人搬运程序

1.工业机器人通电前安全操作检查

（1）空气、保护气体等是否连接正确，且在规定的安全值范围内。

（2）是否已采用安全防护措施，非操作人员全部在安全围栏之外。

（3）机器人位姿是否已调整回初始位置，如果不是，开机后先调整回初始位置。

2.按照下面的操作步骤启动工业机器人

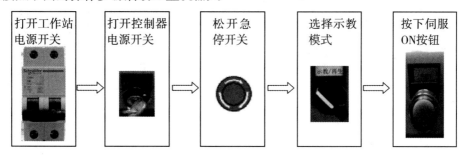

图7-2 示教模式下启动工业机器人

> 注意
>
> 机器人启动通电后要进行以下检查：
>
> 1.急停、安全停机电路及装置有效。
>
> 2.机器人能按预定的操作系统命令运动。

3.回机器人初始位置，保证机器人处于良好的位姿，能顺利平稳地完成动作。

4.把U盘中的"Module2"号程序加载到机器人内部存储器。

（1）把存有程序的U盘插到示教器右下角的USB接口上。

（2）选择"程序编辑器"（图7-3）。

图7-3 选择"程序编辑器"

（3）单击"模块"标签（图7-4）。

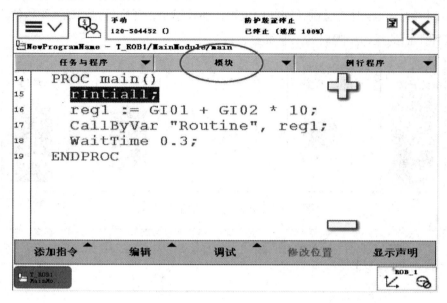

图7-4  单击"模块"标签

（4）打开"文件"菜单，单击"加载模块..."，从U盘中加载所需要的程序模块（图7-5）。

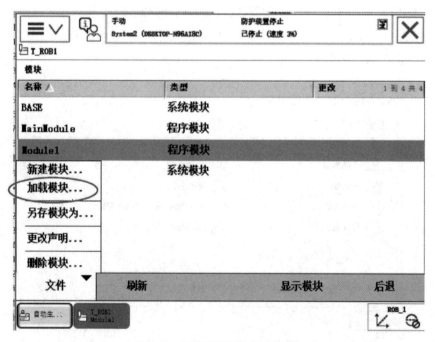

图7-5  加载所需要的程序模块

（5）在弹出的"模块"界面中，选择"是"（图7-6）。

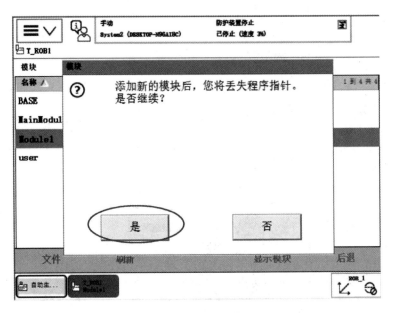

图7-6　选择"是"

（6）单击屏幕下方的［返回上一级］按钮 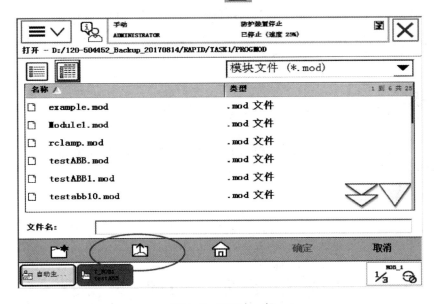（图7-7），直到找到存储文件的U盘。

图7-7　返回上一级

（7）找到存储文件的U盘所在的位置，如"I：硬盘驱动器"，然后单击选中（图7-8）。

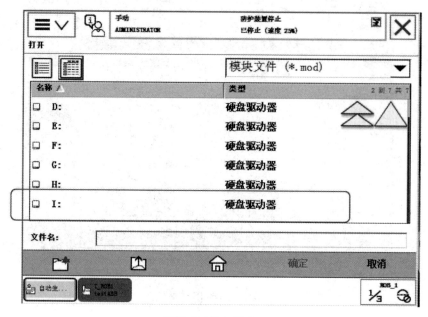

图7-8　单击选中

（8）单击选中U盘中的"Module2"号程序，然后单击"确定"按钮。

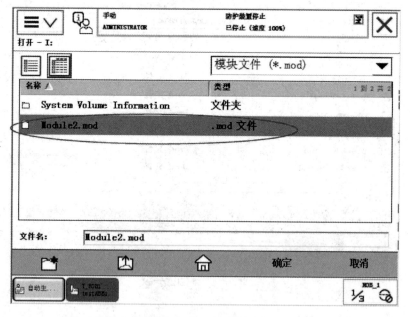

图7-9　选中"Module2"号程序并单击"确定"按钮

（9）程序加载完成后，可以看到"Module2"号程序出现在系统界面中（图7-10）。

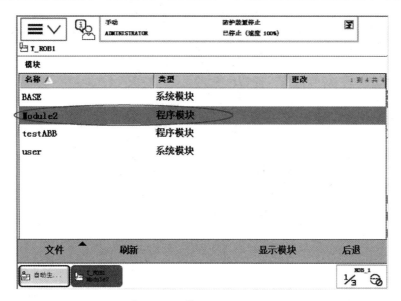

图7-10 "Module2"号程序出现在系统界面中

**知识链接**

## 机器人数据的备份与恢复

（1）机器人数据的备份。

1）选中"备份与恢复"（图7-11）。

图7-11 选中"备份与恢复"

2）在"备份与恢复"界面中，单击选择"备份当前系统…"（图7-12）。

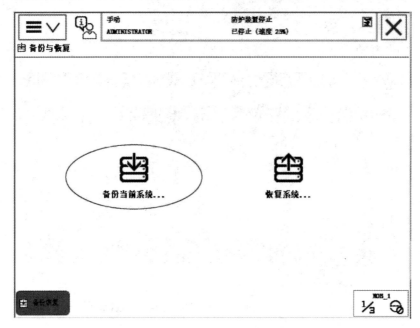

图7-12　单击"备份当前系统"…

3）在"备份当前系统"界面中，单击"ABC…"和"…"进行存放备份数据目录名称的设定和存放位置的设定（图7-13）。存放位置可通过"返回上一级"按钮 来进行选定。

图7-13　设定存放备份数据目录名称和存放位置

4）单击"备份"按钮进行备份操作（图7-14）。

图7-14 单击"备份"按钮

5）等待备份的完成（图7-15）。

图7-15 等待备份的完成

（2）机器人数据的恢复。

1）单击"恢复系统"…按钮（图7-16）。

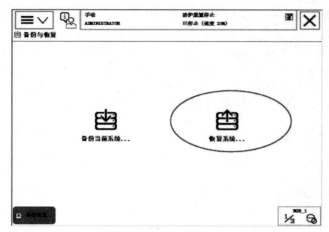

图7-16　恢复系统

2）单击"…"，选择所需使用的备份文件夹（图7-17）。

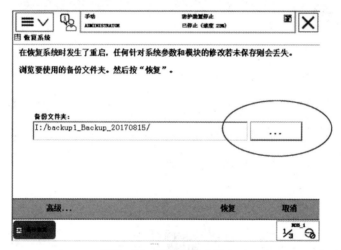

图7-17　选择备份文件夹

3）单击"恢复"按钮，在出现的提示中选择"是"（图7-18）。等待系统恢复完成。

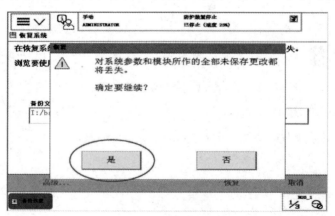

图7-18　完成系统恢复

在进行恢复时，要注意备份数据是具有唯一性的，不能将一台机器人的备份数据恢复到另一台机器人中去，这样做容易造成系统故障。

举一反三：

试着说一说把机器人程序从示教器复制到外部U盘中的操作步骤。

---

# 学习活动二：工业机器人搬运程序的运行和解读

1.程序检查

打开"Mainmodule"模块中的"Main"例行程序，单击"调试"菜单 **调试** ▲ 中的"程序检查" **检查程序** 按钮进行程序检查操作。对"Module2"程序模块中的"rmoveby"例行程序进行程序检查。"Module2"程序模块包含"rmoveby"例行程序和"Routine2"例行程序（图7-19）。确认程序是否有语法错误，如无误则进行后续操作。

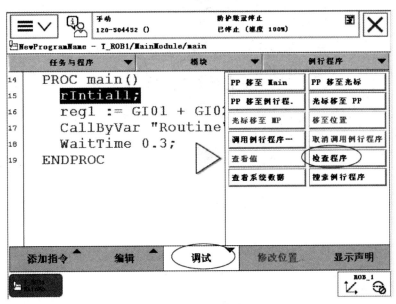

图7-19 检查程序

2.点位检查

使用示教器上的"步进"键单步运行"Module2"程序模块中的"rmoveby"例行程序，确认搬运程序每行指令点位的准确性。如点位不准确则修改位置。

3.手动运行

按下示教器上的"启动"键，完整运行"rmoveby"例行程序一遍，确认有无异常。

4.自动运行

通过外部启动进行程序自动运行操作。

（1）利用PP（程序指针）移至main程序。

（2）通过在按钮操作台上的外部拨码开关选择需要自动运行的作业程序"2"，自动完成搬运程序的自动运行。

（3）把按钮操作台上的［模式切换开关］切换到自动模式，并在示教器上单击"确认"按钮。

（4）同时按下"启动按钮1""启动按钮2"，实现程序的自动运行。

5.运动路径及程序含义分析

（1）结合图7-20中的示教点，初步确定机器人搬运的运动轨迹，并在图上画出运动轨迹草图。

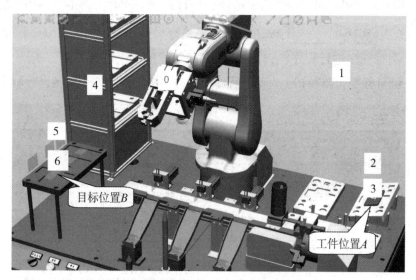

图7-20　初步确定机器人搬运的运动轨迹

（2）结合机器人的运动轨迹，对表7-1中的Main主程序、表7-2中的Routine2例行程序、表7-3中的rmoveby例行程序进行分析，写出每一行程序的含义。

表7-1　Main程序

| 序号 | 程序 | 含义 |
|------|------|------|
| 1 | PROC main( ) | |
| 2 | AccSet 20,20; | |
| 3 | VelSet 30,500; | |
| 4 | reg1：= GI01+GI02*10; | |
| 5 | CallByVar "Routine"，reg1; | |
| 6 | WaitTime 0.3; | |
| 7 | ENDPROC | |

表7-2　Routine2例行程序

| 序号 | 程　序 | 含　义 |
|---|---|---|
| 1 | PROC Routine2( ) | |
| 2 | rmoveby; | |
| 3 | ENDPROC | |

表7-3　rmoveby例行程序

| 序号 | 程　序 | 含　义 | 示教点 | 运动方式 |
|---|---|---|---|---|
| 1 | PROC rmoveby( ) | | | |
| 2 | MoveAbsJ phome\ NoEOffs,v1000,z50,tool0; | | | |
| 3 | MoveJ P1by,v1000,z50,tool0; | | | |
| 4 | MoveJ P2by,v500,z50,tool0; | | | |
| 5 | MoveL P3by,v100,fine,tool0; | | | |
| 6 | xpclamp; | | | |
| 7 | MoveL P2by,v100,fine,tool0; | | | |
| 8 | MoveJ P1by,v500,z50,tool0; | | | |
| 9 | MoveJ P4by,v1000,z50,tool0; | | | |
| 10 | MoveJ P5by,v500,z50,tool0; | | | |
| 11 | MoveL P6by,v100,fine,tool0; | | | |
| 12 | xploosen; | | | |
| 13 | MoveL P5by,v100,fine,tool0; | | | |
| 14 | Reset DO12; | | | |
| 15 | MoveJ P4by,v1000,z50,tool0; | | | |
| 16 | MoveAbsJ phome,v1000,z50,tool0; | | | |
| 17 | ENDPROC | | | |

## 课堂互动

1.前面的程序中用到的应用指令有哪些？

2.机器人吸盘在哪一步打开、哪一步关闭？用到的应用指令是什么？

3.能不能没有Routine2这个例行程序？能通过其他方式实现吗？

4.为什么会有Reset DO12这一步？

**知识链接**

（1）应用指令。应用指令见表7-4。

表7-4 应用指令

| 指令 | 含 义 | 举 例 |
|---|---|---|
| ：= | 用于向数据分配新值。该值可以是一个恒定值，亦可以是一个算术表达式 | reg1：=5是将reg1指定为值5。reg1：= GI01+GI02*10表示将reg1指定为拨码开关上的数值 |
| CallByVar | 可用于调用具有特定名称的无返回值程序 | reg1：=2；<br>CallByVar "Routine"，reg1表示调用无返回值程序Routine2 |
| WaitTime | 用于等待给定的时间。该指令亦可用于等待，直至机械臂和外轴静止 | WaitTime 0.5表示程序执行等待0.5s |
| Set | 用于将数字信号输出信号的值设置为1 | Set do15表示将数字输出信号do15设置为1 |
| Reset | 用于将数字信号输出信号的值重置为0 | Reset do15表示将数字输出信号do15设置为0 |

（2）I/O配置。

1）I/O说明。本任务中使用气动吸盘来抓取工件，气动吸盘的打开与关闭需通过I/O信号控制。工业机器人控制器中提供了丰富的I/O通信端口，可以方便地与周边设备进行通信。机器人控制器的I/O板上提供了常用的输入信号和输出信号，可以对常用的输入/输出进行管理和设置。表7-5是搬运程序用到的I/O端口配置说明。表7-6是常见的I/O信号类型说明。

表7-5 吸盘输出程序语句

| 例行程序 | 应用命令 | 输出端口 | 控制语句 | 作用 |
|---|---|---|---|---|
| rXiPanXi | Set / Reset | DO11 | Set DO11；<br>WaitTime 0.5； | 将控制吸盘吸气的信号打开 |

表7-6 I/O信号类型说明

| 类型 | 全称 | 说明 | 类型 | 全称 | 说明 |
|---|---|---|---|---|---|
| GO | Group Output | 组输出信号 | GI | Group Input | 组输入信号 |
| AO | Analog Output | 模拟输出信号 | AI | Analog Input | 模拟输入信号 |
| DO | Digital Output | 数字输出信号 | DI | Digital Input | 数字输入信号 |

2）I/O状态监控和仿真。

A.选择"输入输出"（图7-21）。

图7-21 选择"输入输出"

B.查看机器人系统中各个输入输出的状态（图7-22）。

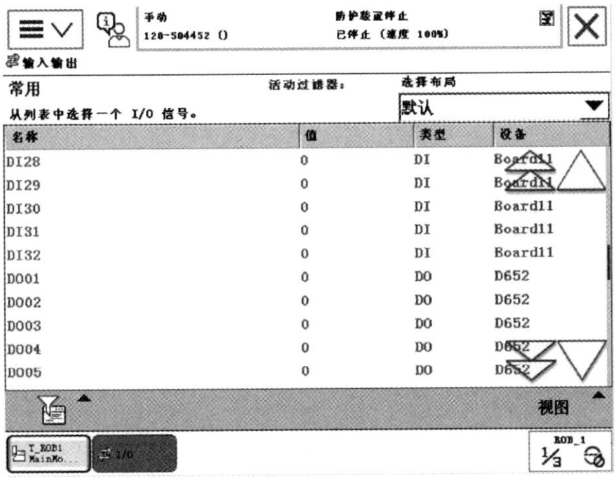

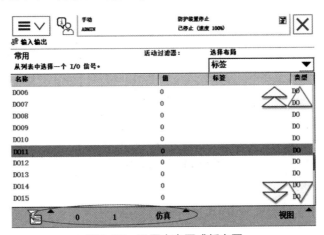

图7-22 各个输入输出状态

C.单击选中输出信号，如DO11，可以看到下面的菜单中有"0，1，仿真"字样（图7-23），根据实际需要可以把相应的输出信号设置为高电平（1）或低电平（0）。

图7-23 设置高电平或低电平

（3）运动规划。

1）任务规划。机器人搬运的动作可以分解成"抓取工件""移动工件""放下工件"等一系列子任务。

2）动作规划。机器人搬运的动作还可以进一步分解为"把吸盘移到工件上方""移动吸盘贴近工件""打开吸盘抓取工件""移动吸盘抬起工件"等一系列动作。

3）路径规划。机器人搬运工件的运动轨迹可以分解为"从点0移动到点1""从点1移动到点2""从点2移动到点3"……"从点3移动到点2"等一系列动作。

搬运任务流程如图7-24所示。

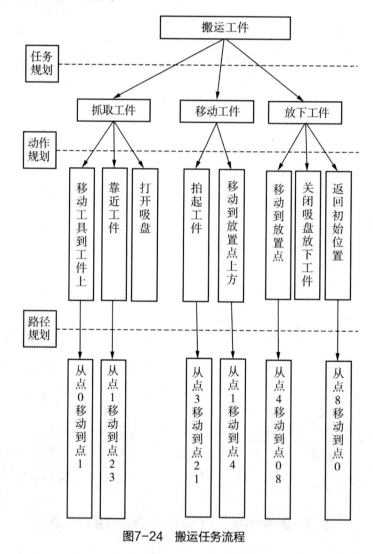

图7-24 搬运任务流程

举一反三：

请试着通过I/O仿真，实现吸盘的吸气和吹气动作。

注意：

　　在操作前要注意看清输出信号的初始状态，在关闭或打开输出信号的操作训练结束后要及时恢复端口的初始状态，以免影响机器人的正常工作。

【知识讲解】

1.机器人手部机构

机器人手部机构如图7-25所示。机器人基础应用工作站的手部机构包含三种夹具，分别是固定画笔的笔架、吸盘及平行夹爪。针对不同的应用环境，需要在这三种夹具中进行选择。在学习过程中，我们经常需要运用吸盘及平行夹爪来搬运工件，对于块状的物件常使用吸盘来进行搬运。

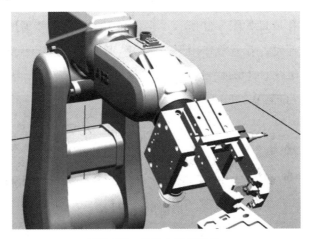

图7-25 机器人手部机构

图7-26是机器人基础应用工作站中所使用的吸盘。它是SmC公司的产品，型号为ZPX40HBN- B01-B10，吸盘前端有一定的行程可以进行缓冲，可用于工件的高度不确定需缓冲的场合，能有效地减少运动操作时对机器人手爪的撞击。

2.真空吸盘工作原理

真空吸盘，又称真空吊具，是真空设备执行器之一。一般来说，利用真空吸盘抓取制品是最廉价的一种方法。吸盘材料采用丁腈橡胶制造，具有较大的扯断力，因而广泛应用于各种真空吸持设备上，如在建筑、造纸工业及印刷、玻璃等行业，实现吸持与搬送玻璃、纸张等薄而轻的物品的任务。

图7-26 吸盘

真空吸盘的工作原理是通过接管与真空设备（如图7-27所示的真空发生器等）接通，

然后与待提升物如玻璃、纸张等接触，启动真空设备抽吸，使吸盘内产生负气压，从而将待提升物吸牢，即可开始搬送待提升物。当待提升物被搬送到目的地时，平稳地充气进真空吸盘内，使真空吸盘内由负气压变成零气压或稍为正的气压，真空吸盘就脱离待提升物，从而完成提升搬送重物的任务。

图7-27　真空发生器

真空发生器的工作原理如图7-28所示。它是利用喷嘴高速喷射压缩空气，在喷嘴出口形成射流，产生卷吸流动，在卷吸作用下，使得喷嘴周围的空气不断地被抽吸走，使吸附腔内的压力降至大气压以下，形成一定真空度。

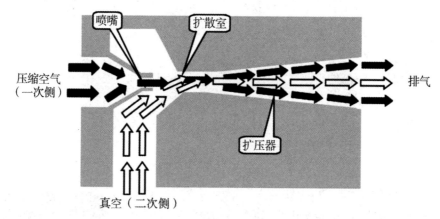

图7-28　真空发生器工作原理

### 3.工业机器人工作流程

使用工业机器人完成搬运工作要经过5个主要工作环节，包括工艺分析、运动规划、示教前的准备、示教编程、程序测试。

编程前需要先进行运动规划，运动规划是分层次的，先从高层的任务规划开始，然后动作规划再到手腕的路径规划，最后是工具的位姿（位置和姿态的简称）规划。首先把任务分解为一系列子任务，这一层次的规划称为任务规划。然后再将每一个子任务分解为一系列动作，这一层次的规划称为动作规划。为了实现每一个动作，还需要对手部的运动轨迹进行必要的规划，这就是手部的路径规划及关节空间的轨迹规划。

示教前需要调试工具，并根据所需要的控制信号配置I/O接口信号，设定工具和工件坐标系。在编程时，在使用示教器编写程序的同时示教目标点。程序编好后进行测试，根据实际需要增加一些中间点。工业机器人工作流程如图7-29所示。

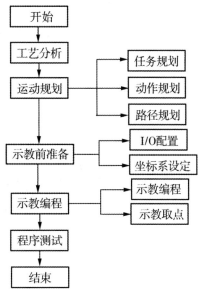

图7-29 工业机器人工作流程

4.机器人搬运工艺分析

机器人搬运是指物料在生产工序、工位之间进行运送移动，以保证连续生产的搬运作业。应采用科学合理的搬运方式和方法，不断进行搬运分析，改善搬运作业，避免产品在搬运过程中因搬运手段不当造成磕、碰、伤，从而影响产品质量。为了有效地组织好物料搬运，必须遵循以下搬运原则：

（1）物料移动生产的时间和地点要有效，否则移动毫无意义，不被视为增值反而是一种浪费。

（2）物料的移动不仅需要对物料的尺寸、形状、重量和条件以及移动路径和频度进行分析，还需要考虑传送带和建筑物的约束，如地面负荷、立柱空间、场地净高等。

（3）不同的物料需要选择合适的搬运方法、搬运工具和搬运轨迹。

（4）可以采用先进的技术手段提高搬运效率。如自动识别系统，便于物料搬运系统对正确物料的抓取、摆放控制，出错率低，速度快，精度高。

（5）搬运应按顺序，以降低成本，避免迂回往返等。这体现了合理化的概念，优良的搬运路线可以减少机器人搬运工作量，以提高搬运效率。

（6）示教取点过程中，要保证抓取工具与物料的间隙，避免碰撞、损坏产品。可在移动过程中设置中间点，以提供缓冲。

（7）减少产品移动方位的不确定性，使产品按期望的方位移动。有特殊要求的产品尤其要考虑产品移动的方位。

（8）在追求效率的同时，要考虑搬运质量，防止损坏产品，区分设置快速移动和缓慢移动，合理提高搬运效率。

（9）节拍是衡量物料装配线的重要性能指标，优化节拍可以保证装配线的连续性和均衡性。减少传送带的中断时间，保证生产节拍的稳定性，保证生产连续，缩短生产周期，提高生产效率。

## 课堂互动

1.工业机器人的工作流程分析主要是分析什么？

2.什么是生产节拍？节拍对工业机器人的实际生产过程会有哪些影响？

【应用训练】

根据前面学习的内容，按照工业机器人的工作流程，把图7-30所示工件从位置A上搬运到目标位置B上。要求：①在图7-30中标出机器人搬运程序的示教点的位置，画出运动轨迹草图；②完成搬运程序的示教编程和再生操作；③把搬运程序填写到表7-7中。

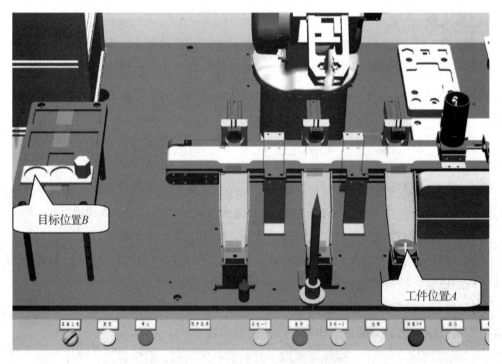

图7-30　机器人搬运程序的示教点位置

表7-7　搬运程序

| 序号 | 程序语句 | 序号 | 程序语句 |
|---|---|---|---|
| 1 | | 16 | |
| 2 | | 17 | |
| 3 | | 18 | |
| 4 | | 19 | |
| 5 | | 20 | |
| 6 | | 21 | |
| 7 | | 22 | |
| 8 | | 23 | |
| 9 | | 24 | |
| 10 | | 25 | |
| 11 | | 26 | |
| 12 | | 27 | |
| 13 | | 28 | |
| 14 | | 29 | |
| 15 | | 30 | |

 主题讨论

1.工业机器人常应用于哪些搬运场合?

2.机器人搬运的示教点该怎么设置才比较合理?

【评价反馈】

对本学习任务的考核与评价参考表7-8。

表7-8　考核与评价参考表

| 序号 | 评价内容 | 评分 | 学生评价 | | 教师评价 |
|---|---|---|---|---|---|
| | | | 自评 | 互评 | |
| 1 | 纪律（无迟到、早退、旷课） | 10 | | | |
| 2 | 安全规范操作 | 10 | | | |
| 3 | 参与度、团队协作能力、沟通交流能力 | 10 | | | |
| 4 | 机器人运动轴与坐标系的选择 | 10 | | | |
| 5 | 程序编写的格式 | 10 | | | |
| 6 | 独立完成搬运程序的编写 | 10 | | | |
| 7 | 独立完成搬运运动位置数据记录 | 10 | | | |
| 8 | 程序检查和调试 | 10 | | | |
| 9 | 独立操作机器人运行程序实现搬运示教 | 10 | | | |
| 10 | 程序手动/自动运行 | 10 | | | |

**【课后习题】**

## 一、选择题

1.（多选）机器人启动通电后要进行以下（　　　）检查。

A.急停、安全停机电路及装置有效

B.机器人能按预定的操作系统指令进行运动

C.机器人回到初始位置，保证机器人处于良好的位姿，能顺利平稳地完成动作

D.把U盘中的"Module2"号程序加载到机器人内部存储器

2.应用指令（　　　）将控制吸盘吸气的信号打开，（　　　）将控制吸盘吸气的信号关闭。

A.Reset　　　　　　B.CallByVar　　　　　C.Set　　　　　　　D.WaitTime

3.对下列工业机器人完成搬运工作要经过的5个主要工作环节进行排序，正确的顺序是（　　　）。

①运动规划　②示教编程　③程序测试　④工艺分析　⑤示教前的准备

A.①②③④⑤　　　B.④①⑤②③　　　　C.③①⑤④②　　　D.②④③⑤①

4.以下说法正确的是（　　　）。

A.可以将一台机器人的备份数据恢复到另一台机器人中

B.将物料吸到物料放置点更难操作

C.示教点位的选择，不需要考虑到两个点位之间的运动路径，怎么选择都可以

D.示教运行程序时，如果吸盘吸不起来或吸盘释放不了，可以单击"输入输出"，找到DO11，单击切换"0""1"数字

## 二、填空题

1.机器人基础应用工作站的手部机构包含三种夹具，分别是固定＿＿＿＿＿＿＿＿的笔架、＿＿＿＿＿＿＿＿及＿＿＿＿＿＿＿＿。

2.真空吸盘的工作原理是通过接管与＿＿＿＿＿＿＿＿接通，然后与待提升物如玻璃、纸张等接触，启动真空设备抽吸，使吸盘内产生＿＿＿＿＿＿＿＿（正/负）气压，从而将待提升物吸牢，即可开始搬送待提升物。

3.对搬运工件的程序进行任务规划，可以分解成＿＿＿＿＿＿＿、＿＿＿＿＿＿＿、放下工件等一系列子任务。

4.工业机器人的工作流程分析主要是对＿＿＿＿＿＿＿＿＿、＿＿＿＿＿＿＿＿＿、＿＿＿＿＿＿＿＿、＿＿＿＿＿＿＿＿、＿＿＿＿＿＿＿＿的分析。

5.在程序中GO是＿＿＿＿＿＿＿输出，AO是＿＿＿＿＿＿输出，DO是＿＿＿＿＿＿输出。

6.在rmoveby例行程序中的第＿＿＿＿＿＿＿步打开，在第＿＿＿＿＿＿＿步关闭，用到＿＿＿＿＿＿＿，＿＿＿＿＿＿＿两个子程序。

## 三、判断题

1.吸盘前端有一定的行程可以进行缓冲，能有效地减少运动操作时对机器人手爪的撞击。（　　　）

2.：=可用于向数据分配新值。该值可以是一个恒定值，亦可以是一个算术表达式。（　　　）

3.CallByVar可用于调用具有特定名称的无返回值程序。（　　　）

4.WaitTime用于等待给定的时间。该指令亦可用于等待，直至机械臂和外轴静止。（　　　）

5.机器人程序示教完成后能直接运行。（　　　）

## 四、简答题

1.什么是生产节拍?

2.软件仿真过程中出现吸盘吸不起物料的情况是什么原因?

3.如何把机器人程序从示教器复制到外部U盘中? 从外部U盘复制机器人程序到示教器中要注意什么?

4.应用指令和移动指令（move）有什么区别?

5.运行搬运程序时发现吸盘有时能够吸动物料，有时不能，是什么原因? 此时该怎么做?

6.如何确定吸盘靠近物料时的位置（即三号位置）?

7.在与物料平行时应该怎么操作?

8.如何使工件原地旋转?

9.工业机器人搬运时常用的夹具，除了吸盘还有其他形式吗? 试着在网络上找一找图片并给大家讲解一下。

10.中国制造2025、工业4.0指什么? 包括哪些内容?